アーバンデザイナー
北沢 猛

北沢 猛のアーバンデザインがめざすもの　はじめに

昨年2009年12月22日、北沢猛は56歳の若さで、自らが旗振り役となって新しい時代のアーバンデザイン理論を構築しようとした運動の真只中で、その活動を停止した。多くの仲間が彼との別れを惜しみ、志半ばの彼の無念さを感じ、悲しんだ。
それから約半年が過ぎ、我々は彼の死を悲しむことではなく、アーバンデザイナー北沢猛のこれまでの実績や問題提起、そして運動を振り返り、我々自身の次代への課題として受け止め議論し、それぞれの立場で彼の活動を引き継ごうと考えるようになった。

「アーバンデザイナー北沢 猛を語る会 in ヨコハマ」は、主に、横浜で彼と活動を共にした仲間や、彼の活動や生き方に共感した人たち、彼に学んだ人々などが集まり、北沢猛を語る中から、次代へのアーバンデザインやまちづくりの活動エネルギーを高める場として開催を計画した。会では、下記の5つのテーマに別れ、出席者全員で北沢猛を語ることとした。

① 未来への都市ビジョン　② まちづくりの運動体　③ 歴史を生かしたまちづくり
④ 文化芸術創造都市　⑤ 魅力ある空間デザイン

彼の活動を学び、議論するため、会に先立ち、5つのテーマに沿った300字メッセージを募った。さらに、幾人かの方からは2000字小論文もお寄せいただいた。そして、これらのメッセージや北沢猛本人の代表的な論文などを集め、世に出すこととした。

北沢猛と私とは、1977年に彼が横浜市企画調整局都市デザインチームに加わった時からの、長い都市デザイン活動仲間である。私は8歳年上で、彼より6年先に、71年の都市デザインチーム結成時から活動していたので、北沢猛はしばらく弟分的存在であった。北沢猛の入庁した77年当時の横浜市は、田村明率いる企画調整局の都市づくり活動の仕掛けが少し軌道に乗り、主軸のプロジェクト（六大事業など）、コントロール（宅地開発要綱など）で成果を挙げ始め、さらに遅れてスタートした、岩崎駿介をリーダーとする都市デザイン活動でも、広場やプロムナード整備、山下公園通りや商店街などの街並み整備に、一定の成果を収めつつあった。78年の市長交代の影響により、80年代初めには、田村、岩崎両氏が横浜市を去ってしまい、企画調整局がなくなり、都市デザインチームは理論的支柱を失ったが、チームは内藤惇之室長、西脇敏夫係長体制の都市デザイン室として再出発し、新たに成果を重ねていった。
こういった中で、北沢猛や私は、活動の新展開を求め、新たな領域への挑戦を始めた。特に、北沢猛は、歴史を生かしたまちづくり、郊外部での展開、市民協働などに挑み、切り開いていった。こういったプロセスの後、80年代後半、北沢猛と私に木下眞男、秋元康幸が加わり、都市の魅力を高める活動を従来の都市計画の枠内だけの都市デザインの領域にこだわらず、文化なども含め、対象領域をスパイラル状に上昇拡大させて行く、次代に向けた都市デザインの運動論的戦略を議論した。そして、横浜が創造実験都市として発信し続けることを目標とし、その可能性を求めて、国際会議やデザインコンペ、バルセロナ展などの連続的開催を試みた。
私は、新しい試みを図った後は、しばらくテーマを継続し、横浜での活動の定着と成果づく

りを図ること(横浜での継続実践)が、運動としても重要と考えたが、北沢猛は新しい試みの見通しが難しいと感じた横浜にこだわらずに、模索、実験を続けようとした。そして、97年以降は、活動の場を東大に移し、全国各地の人たちとの連携もはかりながらの活動、あるいは海外都市を舞台に、研究・活動・運動を展開していった。

この間も、横浜への愛着は持ち続けていた。そして、こういった経験を踏まえ、2002年以降、ふたたび横浜で主役として登場し、大学などの新たな仲間を結集し、創造都市活動をはじめ、横浜で次代に向けたアーバンデザイン(意図的に都市デザインと言わず)の理論と戦略の構築に着手したのである。病を自覚した後も、各地の仲間にもそれを伝えず、睡眠時間を惜しんで全力投球した姿には頭が下がる。彼の情熱的な様々な試みは、横浜に新たな活動を誕生させ、人を育て、都市としての新たな勢いをもたらした。

北沢猛は、「アーバンデザイン活動とは、新たな価値の構築を求めて運動し続けること」であることを、自身の活動を持って我々に示したのかと思う。

本書におさめた、活動の記録、論文やメッセージから北沢猛のめざすアーバンデザインを学び、それぞれの立場から、運動を継承し、新たな活動を展開しよう。

国吉直行

アーバンデザイナー北沢 猛を語る会 in ヨコハマ実行委員会代表
横浜市都市整備局上席調査役エグゼクティブアーバンデザイナー
横浜市立大学国際総合科学部特別契約教授

左より：国吉直行、土井一成、北沢 猛

目次

はじめに　北沢 猛のアーバンデザインがめざすもの　国吉直行　　002

1. 未来への都市ビジョン　　008
北沢流都市デザインがめざしたもの　鈴木伸治
実践都市計画の王道を歩みきった男、北沢 猛の早すぎる死を悼む　箕原 敬
まだ引き継ぎが終わっていない　山本理顕
北沢さんへの300字メッセージ（20名）

2. まちづくりの運動体　　020
場の生成　大江守之
北沢 猛 追悼文　内藤 廣
北沢さんへの300字メッセージ（30名）

3. 歴史を生かしたまちづくり　　032
北沢 猛の1982年：「歴史を生かしたまちづくり」元年　堀 勇良
北沢さんが横浜に残したもの　土井一成
北沢さんのこと　金田孝之
北沢さんへの300字メッセージ（21名）

4. 文化芸術創造都市　　044
猛虎の夢を受け継いで　加藤種男
北沢さんとの協働の思い出　小林克弘
北沢さんへの300字メッセージ（21名）

5. 魅力ある空間デザイン　　054
北沢君を偲ぶ　土田 旭
同志を失った悲しみ　卯月盛夫
幸福度という指標を空間モデル化する　窪田亜矢
北沢さんへの300字メッセージ（31名）

6. 北沢 猛の人となり　　068
たけ兄ちゃん　北沢 至
北沢さんの思いで　西村幸夫
北沢さんへの300字メッセージ（19名）

都市と共に歩む　アーバンデザイナー北沢 猛の原点　　078

アーバンデザイナー北沢 猛の歩み（仕事歴）　　098

北沢 猛の論文　　121
海都横浜構想2059〜未来社会の設計〜
アーバンデザインの可能性横浜20年の軌跡と展望
まちは博物館〜歴史を生かしたまちづくり〜

編集後記　アーバンデザイナー北沢 猛にあこがれて　秋元康幸　　157

写真：森 日出夫

1 未来への都市ビジョン

　私が子供の頃、あるイラストレーターが描いた、空中を自動車が飛んでいるイラストに夢を感じ、わくわくした覚えがある。高速道路が縦横無尽に走り回る東京のような大都市の未来図であった。出来上がってみれば何のことはないが、未来の都市というものを指し示し、皆に希望と興奮を与えたあのイラストは、秀逸であったと思う。
　我々が描く未来へのビジョンは人々を興奮させるだろうか。私が関与する、地球温暖化対策では、2050年までにCO_2排出量を80％も削減することが求められている。さて、これがもし実現したとして、どんな社会になっているのだろうか？夢は持てるのだろうか？この未来都市のイラスト…ビジョンを描かねばならない。
　昨年横浜で行った国際会議で環境先進都市コペンハーゲンの市長がこういった。「CO_2排出量を下げることは唯一の目的ではない。市民が快適な生活が出来、市民に選ばれる都市となることが目的だ。」快適で市民に選ばれるCO_2を出さない街、とはどんな街であろうか？北沢先生がセンター長を務めていた、柏のUDCK（柏の葉アーバンデザインセンター）では、公民学のまちづくりを標榜し、東大、千葉大等大学、柏市、千葉県等自治体や国、三井不動産等の企業や市民団体が常に集まって会議や研修、講義やイベントを行う地域のまちづくりの核として機能した。加えて、北沢先生とは、つくばエキスプレス沿線全体を俯瞰したバランスの取れた沿線開発への提言等、大き

な視点からの新しい都市開発の核ともなりたい、という夢も話し合ったことがある。初代事務局総長（北沢先生の命名）だった私は関東平野全体を見据えた都市・環境戦略をと、悪乗りしたが、そこまでの発想が必要だね、という北沢先生のお言葉も…。
　これまで、公が物事を決めて、企業や市民がそれに従い粛々とまちづくりを進めて来た。しかし、これからは、多種多様な主体が色々と意見を出し合って、計画を練っていく時代に入った。産官学民それぞれの特徴を最大限活かして、うわべの付き合いではなく価値観を戦い合わせて、本音を出し合って心に響きあう、未来都市への都市ビジョンを作り上げていくことが必要な時代になった。
　UDCKはその最高の装置となった。横浜では、UDCYを立ち上げた。その前段となった、ワークショップでは回を重ねる毎に参加者が増えていくという稀有な盛り上がりを見せ、『未来社会の設計』、という本まで出した。世代を超え、立場を超えた融合を生み出す北沢先生の人柄と知見がそれを可能にした。全国にUDC□を、北沢イズムを広げ、わくわくする未来への都市ビジョンを共に語り、作り上げたい。

信時正人｜横浜市地球温暖化対策事業本部長

北沢流都市デザインがめざしたもの

鈴木伸治 | 横浜市立大学准教授

北沢先生とは東京大学に助教授として戻られた際に私が研究室で助手をしていたことがご縁となり、その後は私が横浜の大学に移ったこともあり、さまざまな場面で仕事をご一緒させていただいた。

先生には大学や、国内外の出張先、深夜の関内のバーで、事ある度にこれからの都市デザインはどうあるべきか、また、都市デザイナーのあるべき姿について、教えをいただいた。研究に没頭するよりも実践を通して新しい都市デザインの領域を切り拓くこと、自分なりの都市デザインを持つ事の大切さを繰り返し説いておられた。北沢先生自身、横浜市役所在籍中から北沢流の都市デザインを確立された。それは岩崎駿介流、国吉直行流といった、諸先輩方が築き上げてきた都市デザインとは異なるアプローチを求めた結果であったように思う。

横浜市都市デザイン室時代の北沢先生の業績については、都市デザインの中に「歴史」を体系的に取り入れたことや、アーバンリング、バルセロナ展などの実験的な取り組みが挙げられる。東京大学に移ってからも、文化芸術創造都市構想など新たな都市政策の展開を示して見せた。

しかし、こうした取り組みの一方で、都市デザインの基礎となる空間を形成するシステムについても強いこだわりを持っておられた。私自身、先生のこれまでの仕事の集大成である博士論文『空間計画と形成方策の多層性に関する研究』の執筆にあたり、そのサポートを依頼され、何度もその中身について、議論することがあったが、都市の構想とそれを実現するためのシステムの構築過程については、多くのページを割いて論述された。それはすなわち、全体としての構想が実際の都市空間として実現するために必要とされるシステムを、如何に構築するかという「プロセス」へのこだわりであったように思う。この全体を実現する「プロセス」こそ、民間の都市デザイナーには構想し得ないものであり、自治体都市デザイナーとしての自覚のようなものがその背後にはあったのではないかと思う。

晩年、北沢先生は柏の新領域創成科学研究科に籍を移すが、その際には、「都市デザイン」という言葉に変えて「空間計画学」という言葉を用いられていた。それはミクロな空間のデザインとしての都市デザインではなく、都市空間を形成する諸要素を統合する計画学の再構築を意図されていたのではないだろうか。ここで想起するのは、今年の一月に惜しくも逝去された田村明氏の影響である。

北沢先生と私は、生前の田村明氏に連続ヒアリングを実施していた。その中で、北沢先生は、氏が中心となり提案した六大事業の先見性を再評価されていた。

1965年に田村明氏が中心となり提示した横浜の六大事業は、東京のベッドタウンとして急激に成長する都市横浜において、将来を予測し、固定した将来像を描くマスタープラン型の計画を否定し、骨格となるプロジェクトを提示するという、プロジェクト中心型の新たな計画論のあり方を示した。

一方、北沢先生の最後の仕事のひとつである、インナーハーバー構想は、産業構造の変化、人口減少など、これまで日本の都市が経験したことのない50年を目標とした、未来設計の試みであり、高度成長期とは異なる意味で先の見えない時代の計画論である。これまでの形式化された「都市計画」では対処できな

左から：田村 明、北沢 猛、鈴木伸治

い時代の都市構想の実現手法として、京浜臨海部の研究やインナーハーバー構想を通して、先生が提案された方法論がシナリオ型プランニングである。このシナリオ型プランニングは、固定した一つの将来像を描くのではなく、複数のテーマ型シナリオを用意し、それらのシナリオを複合、調整しながら、具体的な地区の将来像を考えるという方法論である。

こうした流れから考えれば、北沢先生がめざした都市デザインは、東京大学に移った事から大きく展開し、都市の新たな構想を提示することだけではなく、それを実現する計画論のあり方そのものを問い直すことも射程に入れたものと変化したのではないだろうか。

実は生前、北沢先生に「創造都市を黄金町でも展開したいので応援してほしい」と、お願いしたことがあり、その際には先生からは、「黄金町は時間がかかる、文化芸術も都市デザインの一部であるけれど、鈴木君は都市デザインの次の展開を考えるべきだ」と反対されたことがあった。その際に、創造都市こそ、シナリオ型プランニングであり、文化が社会問題の解決に役立つという、新しいシナリオが必要であると私は主張した。その際には結論はでなかったが、最終的には応援していただけるということになった。今になって思えば、その時先生はすでに病魔と闘っておられた。残された時間を意識しながら、環境問題や新たなガバナンスと都市デザインの可能性についての発言をし始めていた頃であったように思う。都市の構想と、それを実現する計画論の再構築は、北沢先生から我々の世代に課せられた大きな宿題であると改めて思う。

実践都市計画の王道を歩みきった男、
北沢 猛の早すぎる死を悼む

蓑原 敬｜都市プランナー

西欧でも1970年代から現代都市計画は新しい大きなうねりを見せ始めるが、日本でも、並行的にそのうねりに共鳴した流れが横浜市にあった。自らの経験を通して、その理論と実践への道を切り開き、日本の都市計画史に不滅の足跡を残したのは、田村明だった。

彼は数多くの著作を残しているが、彼の考えを最も簡明に伝えているのが、SD別冊NO.11、「横浜 都市計画の実践的手法」(1978)年所収で、彼の手になる「実践的都市計画論」である。田村明は、横浜市を辞めてから、より幅広い自治体学の領域に分け入っていくので、都市計画や都市デザインの領域での彼の思想の展開と実践は、むしろ北沢が背負ったといっても過言ではないだろう。

田村の薫陶を受けて、総合的な、まともな都市計画を指向し、その中で都市デザインを戦略的な手段として使うという、優れて現代的な考え方を、実践し、その波を押し広げ、次代に引き渡していく大きな役割を担ったのが北沢猛だった。彼の考え方の大筋は、「都市構想を立案する意義—創造都市構想は未来社会の起点」(横浜市調査季報 vol.163 2008.9)に見事に要約されている。

優れたプランニングや大きなプロジェクトの実現には、特別な社会的な能力を持った人の存在が不可欠である。大きな夢と志を持つ「仕掛け屋」、その夢と志を受け継ぎ、たくさんの人を巻き込み、繋いで優れたものに仕上げていく「繋ぎ屋」、そして最後に現実に着地させるために、強固な制約条件の壁を破りながら現実的な妥協を繰り返して、より優れた結果に導く「収め屋」という能力である。この3つの能力が同一人格に宿ることは殆どありえない。相互矛盾をきたす能力だから人格的な分裂に繋がり、社会的には機能しなくなる。だから、優れたプランナーは、これらの能力を持った人を紡ぎ、育てていく「育て屋」の能力を持つことも要請される。

北沢猛は、そのような多面的な能力を一身に備え、王道を歩いてきた男のように見える。「近代は夢が欲望におきかわり暴走する都市となり、さらには人々の夢を制御する都市へ、そして今日は夢を失わせる都市へと変容しているのである。」(前出、「調査季報」の彼の言葉)という現実認識、危機感を踏まえ、彼は、その夢を復元させるべく、「都市構想」を練る。そこで「仕掛け屋」の本領を発揮する。

彼は、横浜市中田市長の下で、市政の中心的なアドバイザーになって、多面的な活躍を行い、幅広い市の部局間の繋ぎに貢献しただけでなく、東京大学に移籍した後には、さまざまな地方自治体や民間企業との繋ぎ役を果たしてきたように見える。特に東大キャンパスがあった柏市での彼の活動は、「柏の葉プロジェクト」など、具体的な成果として目に見えるし、おそらく僕が全く知らない多くの小世界を創り出していたのではないかと思う。彼は決して弱音を吐かない男だったが、彼の体を痛めつけるほど数多くの小世界で、繋ぎ役を果たしてきたのではないか。

収めの領域には優れた職人的な資質を持った専門家が必要だ。横浜市には、国吉直行はじめその存在に事欠くことはなかっただろうし、千葉やそのほかの場所でもおそらく数多くの収め屋とのコラボレーションを重ねたのだろう。

「育て屋」の領域について僕が知ることは少ないが、NPO法人アーバンデザイン研究体

の土井一成や横浜市役所の秋元康幸の記す文章を読むと大方の想像がつく。「海都横浜構想2059」(大学まちづくりコンソーシアム横浜2010)や「未来社会の設計」(北沢猛＋UDSY、BankART1929)などを見れば、彼が如何に幅広いネットワーキングを行い、人を育てていったかが歴然とする。

日本の都市計画は、不幸な歴史を持っている。優れた専門家が早世したり、早めの引退に追い込まれているのだ。東京大学の内田祥文、奥平耕造、それに随分前から引退を余儀なくされている川上秀光、京都大学にも絹谷とい う若くして亡くなった人がいた。彼らがもし、もっと活動を続けられていたら、日本の都市計画や都市デザインは、かなり変わったものになっていたかもしれない。その一人に、すでに鬼籍に入った仲間に北沢猛が加えられてしまった。彼らが果たしたであろう役割を担うのは残されたものしかいない。

柏の葉アーバンデザインセンター

まだ引き継ぎが終わっていない

山本理顕 │ 建築家・Y-GSA/横浜国立大学教授

最初にお会いしたとき、北沢さんは横浜市建築局の職員だった。いきなり横浜に事務所を構えないかと誘われた。横浜の方がおもしろい仕事ができますよ。本当に面白いことができそうな笑顔だった。その北沢さんの笑顔につられて、二つ返事で横浜に事務所を移すことにしてしまったのである。もう17年経つ。高橋さんも室伏さんも飯田さんもみかんぐみも小泉さんもみんな横浜にやってきた。北沢さんの戦略である。北沢さんは常に都市と建築とを一緒に考えたいと思っていた。都市計画の専門家の都市を見る眼は鳥瞰的である。建築家は自分の内側の目線から建築を見る。そして都市を見る。都市計画的視点と建築的視点は時として相反する視点になる。

「建築家は都市全体のことをまったく考えないからだめなんだよ。」
「都市計画って管理する側からの視点しか持てない。都市管理計画でしょ。個々の生活者のことを本当に考えているのか、かなり怪しいと思う。」
「だからディベロッパーにやられちゃうんですよ。」

北沢さんは私にとっては最も身近な、そして建築と都市との関係を真剣に話ができる都市計画学者だった。北沢さんとは自由に話ができる。私だけではなくて、きっと誰からもそう思われていたのではないかと思う。横浜市職員の昔からの友人たちは、北沢さんのことを「北さん」と呼ぶ。「北さん」を話題にす

14　未来への都市ビジョン

るときはなぜかみんなちょっと嬉しそうなのである。北沢さんは徹底して楽観的だったからである。北沢さんが一緒にいれば何とかなりそうなのだ。だから「北さん」と一緒に仕事をすることも、あるいは「北さん」を話題にして話をすることも、それは希望や夢が実現するプロセスに私たちが居合わせている、そういう気持ちにさせるのである。私もそうだった。今、思い返してみても、そういえば北沢さんとはいつも現実的な問題に悩むよりも、未来の話をしていた。だからシンポジウムの席だけではなくて、個人的にも北沢さんと呑むのは楽しかった。散々話した後、また私の家に寄ってもらって飲み直した。

北沢さんは、本気で建築的な視点と都市的な視点とを組み合わせたいと思っていた。それを横浜で何とか実現したいと思っていたのである。私たち建築家を横浜に誘致しようとしたのもそのためである。

北沢さんが考えていた横浜の未来像はインナーハーバー住宅地である。単に観光都市をつくるのではなくて、港の景観と一緒に快適居住都市をつくることだった。港周辺地域に20万人の居住人口を想定する。50年後の横浜市の人口の約10％が居住することになるわけである。人口密度は100人/ha程度を想定する。低層の建築群によるゆったりとした町並みである。Y-GSAの北山スタジオが一緒に研究に参加していたので、北沢さんの考え方を身近に見ていた。

北沢さんの頭の中には港と一緒に住む住宅のイメージができていたのだと思う。低層ですぐ近くに海があって高齢者も外国人も商業施設も一体になった住み方である。高層商業ビルや高層マンションがそれぞれディベロッパーの都合で勝手につくられるような、今の"みなとみらい"の風景とはまったく違う風景である。そこに住む人たちに優しい都市こそが観光都市になる。あるいは世界都市になる。それを北沢さんはよく知っていた。

都市と建築とを一緒に考えたいという北沢さんの思想は、地方行政が地域社会について考える時の最も重要な考え方である。でも、それが難しい。今の多くの行政は建築のことなんかまったく考えようとしない。それは生活者のことを考えないということである。そこを考える。その難しさを長い間横浜市にいた北沢さんほど良くわかっている人はいなかった。北沢さんはそこでずっと奮闘してきたのである。

北沢さん、まだ引き継ぎが終わっていないよ。

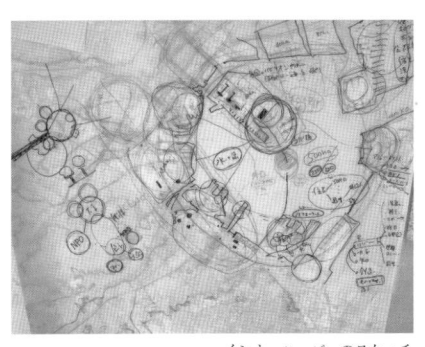

インナーハーバーのスケッチ

未来への都市ビジョン

はじめに 『構想』ありき

小林一美　横浜市都市経営局都市経営推進室長

北沢さんを思うとき、私は『構想』の人だと思います。何よりも人を惹きつけてやまない『構想』が必要。そこからはじまる。そして実践に向かう。そんなことの大事さ、強さを教えてくれました。20数年前、都市デザインの戦略的な仕掛け・進め方を描いた『樹形図』のようなチャートをみせてもらいました。今すべてがカタチになっています。そして最近では若手技術職を集めて横浜の未来を構想する『都市づくり研究会』で直接教えてもらいました。私たち建築職は北沢さんの背中をみて育ちました。その行動力、実践力にも圧倒されました。またある意味の戦略家でした。でも私はやはり北沢さんの『構想』の力が一番すごいと思っています。

遺志を継ぎ、横浜を「環境先進都市」へ

奥澤 晋　ステップチェンジ株式会社 代表取締役、UDCY横浜アーバンデザインセンター 監事

「低炭素型社会・持続可能な社会を目指すことは、人類最大のチャレンジであると同時に、大きな可能性を秘めたチャンスではないか」と、北沢先生とは常々話し合っていた。

この問題を真に解決するためには、エネルギーシステム、経済システム、社会システムなどを全世界の視点で考えることが重要であり、そして、未来に向けてどのように再構築することができるか、そのことが、これからのアーバンデザインに必要なことだと。

北沢先生の遺志を継ぎ、横浜が次世代に誇れる「環境先進都市研究機構」を起点に、横浜のアーバンデザインに尽力していきたい。

50年後の都市づくりに向けて

浜野四郎　横浜市都市経営局長

1979年市役所に入った時、都市デザイン担当の北沢さんの横でみなとみらい21の仕事につく。お手本でありライバルだった北沢さんの仕事の速さと粘りに舌を巻く。彼とは異なるまちづくりの分野をやるしかないと思い始めたものの、それから2年、我々若手に田村明さんは都市デザインやみなとみらい21を託し市役所を去る。喪失感の中でも田村さんだったらどうするかと自問自答しながら担当業務に取り組んでいったが、その時の若手ももう50代、今度はその若手筆頭の北沢猛がかなものとしてのインナーハーバー構想を突然託された。この構想を確かなものとして後輩にバトンタッチするにはどうしたらよいか。「北沢さんだったらどうするか」と時々考えながら次の都市づくりの布石を打っていこうと思う。

未来への都市づくり

北沢さんへの300字メッセージ

2059に向かって

飯田恭子　横浜市総務局財産調整課

久方ぶりに北沢さんの講義を聴く機会に恵まれたのは、2009年5月のBankARTスクール「京浜臨海をいく」でした。北沢さんのお父様も京浜臨海部に勤めていただったため、高台から望む工業地帯は自身の原風景でもあったそうです。近代化の負の遺産としてのブラウンフィールドを、「人々がハッピーに暮らし、働く場になるように」という試み（インナーハーバー2059 開港200周年構想）を熱く語ってくれました。本当に、目をキラキラさせて。私は漠然と「この人2059年も見届けるつもりなんだろうなぁ・・・」と受け止めたくらいです。自分が去った後の都市のことを、体を張って考えられる北沢さんを忘れず、この切なさを忘れず、ほんの少しでも想いを引き継ぎたいと思っています。

叱咤激励

村上暁信　筑波大学大学院システム情報工学研究科 講師

北沢先生にはUDCYや柏の葉キャンパスでの都市デザインスタジオでお世話になりました。私のような若い者の話にもいつも真剣に耳を傾けて下さり、また多くの貴重なアドバイスを戴きました。デザインスタジオでは、都市と農地が混在するような場所において模範となるような計画やまちづくりの事例が未だないことを嘆いておられました。その言葉は学生に向けられたものではなく、私のような若手に向けられた叱咤激励であったかと強く思うようになっております。北沢先生の訃報に触れた時、偉大な羅針盤を失ったように感じていますが、いつか北沢先生に胸を張ってご報告できるような取り組みを今後努力して行なっていきたいと思っています。ご冥福をお祈りします。

国をデザインする
征矢剛一郎 鎌倉市経営企画部市民相談課長

鎌倉市は人口17万の自治体である。十数年前、北沢さんと二人で鎌倉駅に降り立ったとき、自治体の規模はどのくらいが良いか聞かれた。私は鎌倉の規模と考えていた。横浜に比べて職員の顔も見えた。しかし、力を感じることもなかった。横浜とは比べものにならないことはよくわかっていても‥‥‥！

平成の市町村合併はひと段落したが、県ではまだ合併構想の話がある。鎌倉は三浦半島地域の湘南地域に付くか案でもはっきりしない。北沢さんに聞いてみたかった。今思うと、北沢さんは、都市、さらには国のデザインも考えていたのだ。いまさらながら北沢さんのスケールの大きさを感じる。

北沢先生との思い出
生島義英 京急百貨店経理部情報管理担当 課長

横浜市立大学大学院「まちづくりコース」で、私は社会人大学院生として2年間北沢先生にご指導いただき、大変お世話になりました。修士論文における先生のご指導は、常に実践的でありました。私の研究テーマは、京浜臨海部の中間処理施設の集中センターの立地として適した内容でしたが、先生のご指導は、「理論」よりも「実現可能な構想なのか？」、「実態に即しているか？」であり、「経済的に成り立つのか？」、「実践的という視点からの実態調査とそこから導かれる考察が整合しているかがポイントでありました。ゼミ後の「呑みにケーション」では先生という人柄に接しながら、仕事上の話題で盛り上り、呑みすぎたことが思い出に残っています。社会人大学院生ということから、ゼミ後の「呑みにケーション」では先生の人柄に接しながら、仕事上の話題で盛り上り、呑みすぎたことが思い出に残っています。

北沢先生の訃報に接しまた、まだ信じられない感じがしています。北沢先生のご冥福をお祈りしています。

研究室で見た大きな背中
上田恵莉 株式会社 久米設計 都市設計部

北沢研究室の2期生として勉強した2年間、先生には横浜のプロジェクトをはじめ、様々なアーバンデザインの現場に同席させていただきました。全てを見通した上での発言は、一つ一つに重みがあり、その背中は果てしなく大きいものだったように思い出します。そして、学生でありながら、アーバンデザインの先端をいくつもの現場に立ち会えたことが非常に貴重な経験であったことに今となって気づきます。現場ではカリスマ先生は研究室ではお父さんのように、まちや人との出会いを与えてくださったのだと思います。本当にありがとうございました。

アーバンデザイナーとして、私たち学生に都市のビジョンを語るとともに、まちや人との出会いを与えてくださったのだと思います。本当にありがとうございました。

都市を構想するということ
入山 健 東京大学大学院空間計画研究室修士3年

2008年9月、横浜インナーハーバー50年構想プロジェクトにて。関係者による会議中、様々な主体と様々な提案が交錯するなか、先生はなにかが閃いたようにすっくと立ち上がり、ホワイトボードに1枚の線図を描きました。そこでは、これまでに提案された各種の案と各主体とが時系列上に乗せられ、また各々の位置関係と構想のシナリオが示されていました。話の流れを整理するため、今後の指針を明らかにするため、先生は簡単な概略図を示しておきたかったのだと思います。心なしか楽しそうにそれを描く先生の姿に、アーバンデザイナーの一端を示しておきたかったのだと思います。心なしか楽しそうにそれを描く先生の姿に、アーバンデザイナーの一端を、そして都市を構想することの楽しさを私に教えてくれたような気がします。

車と人の距離
敷浪一哉 シキナミカズヤ建築研究所 代表

道路を走る車と歩道を歩く人、そしてその脇に自転車が通る。UDCYの前身であるUDSYにて北沢先生のいる交通班で、この構図をどうやって変えていくかという模索をしました。そこで肝になるのは自転車の扱い。車と歩行の中間である自転車をどう位置づけるかということが、都市のあり方に通ずる話として大いに魅力的な議論をすることができました。車という存在を、交通の効率化や環境負荷の低減という視点だけで考えるのではなく、移動の速度が変わることで発生する新しいコミュニティのカタチを考えていきたいと思っています。

北沢語録

変革の時代にあり、もっとも改善しなければならないのは、自治体の体質である。行政改革（機構や業務）、財政再建あるいは民間やNPOとの協働といった点は今や緊急の課題である。しかし、それとともに、自分達の都市や街をどういう方向に進めようとするのか、あるいは進めなければならないのか、明確なビジョンと戦略を市民とともに築いていかなければならない。それなくして、いかなる改革も意味をなさないのではないだろうか。そうした発想は、市民の間からそしてもっとも市民に近い自治体職員の間から生まれてくるのではないか。それを形にしていく専門家が加わることで次なる展開が期待できる。『空間ビジョンと実現の戦略、そして組織』『都市のデザインマネジメント アメリカの都市を再編する新しい公共体』（学芸出版社、2002）

関谷進吾
東京大学大学院北沢研究室 博士課程

北沢先生は、常に道を切り開いておられました。我々学生は、その傍ら、多くを学びました。課題先進国である我が国に対して、「アーバンデザイン」という手法を通して、未来への関わり方に多大な示唆を頂きました。以前までは、先生についていくだけでしたが、今後は、先生の遺志を引き継ぎ、開拓していく、という大きな課題があります。先生の社会への姿勢、視点、計画と実践、先生の残していったものや、記憶を常に思い返しながら、まちづくりに関わっていく所存です。

小僧（未満）の分際
黒田美夕起 横浜市地球温暖化対策事業本部 地球温暖化対策課担当係長

まちづくりに芒洋と憧憬を抱きつつ、さしたる専門性もなく関わり方を掴みかねていた私は、横浜のなりたちを追跡しその先のあり方を指針化する業務に携わる中で、北沢先生を知りました。その際に伺ったアーバンデザインの目標像が印象的でした。社会の強さは多様性を受け止める「幅」にあり、その交流の中から新しいものことを生み出すために、具体的空間の中に、環境や歴史、福祉や教育、産業や文化などを位置づけていく──それは壮大だけれどもとても慕わしいまちの姿で、自分も何らかの形でまちに貢献できると確信したのです。門前の小僧を気取る身にも未だ力不足ですが、このビジョンの一端を担う存在でありたいと、日々試行錯誤しています。

岡田信行
alt都市環境研究所

わたしが北沢先生に心酔したのは、BankART StudioNYKで京浜臨海プロジェクトの勉強会に出席し、その計画論に触れてからです。都市には多様な側面があり、相互に関連している。そのため、分野での課題の解決に取り組むだけでなく、他の分野の計画と統合していくことをイメージする必要がある。それ以降、取り組んでいた専門分野における急に整合性がなく、実効性の薄いものに感じ、「もっと知りたい！」という渇望感をもちました。UDCYに参加したのも、都市を多面的に捉え、その未来像を映し出す北沢先生の計画論に触れたかったからです。この先、少しでも先生の遺志を継ぐことができればと思っています。
先生、ありがとうございました。

みなとみらいから北沢先生を想う
須田総一郎 東電ビーアール株式会社スイッチステーションみなとみらい館館長

桜木町駅前TOCみなとみらいビル。港の先に京浜工業地帯の工場群と発電所の排気塔。若者や家族連れで賑わうみなとみらい地区の高層ビルやマンション群。産業と民生用需要がミスマッチする最先端都市横浜は、大量のエネルギーを消費する。家庭の二酸化炭素は1990年比41.2％増。東京電力「スイッチステーションみなとみらい」は、開放感溢れ陽光が窓から降り注ぐなか、太陽光発電や空気熱から給湯するヒートポンプシステム等をPRする。調和の取れた都市生活を実現するため何をすべきか。地球環境が人類喫緊の課題となる今日、環境行動都市として地域再生に足跡を残した北沢先生を想う。

序曲だけ？
加川浩 加川設計事務所 代表取締役

打合せに持参した寿司はなくなり、終電もなくなり、沢山の宿題をもらって深夜3時過ぎに研究室を解放された。徹夜したことは私も数え切れないが、50を過ぎてからはさすがに翌日にこたえる。北沢さんは東大に行ってからは学生時代に戻ったかのように若々しく、気迫に満ちていた。作曲家團伊玖磨氏の風貌で、ゆったりと文化の薫りを漂わせているが、大義を貫きながら現状を動かすという厳しさを内に秘めていた。彼が主宰する委員会に何度か同席したが、これも現状を動かそうとする彼の戦略の一つだった。ナショナルアートパークをはじめ尖った発言を連発していた。これも見事な最終楽章を予感させるに十分だったのに、序曲は本当に残念です。

北沢語録
「現在、我々の環境は成熟化、情報化、国際化の社会に向かい急激な変化の中にいます。生活にあっては物質的な豊かさを求めた時代から、文化を求め、精神的な豊かさの創造をより重視する傾向が強くなっています。デザインも、単なる装飾や美的表現としてのデザインから、生活文化全体としてのデザインへと視点を拡大し、認識を変えていかなければならない時代にきています。」横浜デザイン都市宣言（国際会議の市長宣言。北沢さんが文案を立案1988）

これまでの、日本の都市やその経営をあずかる自治体がおかれていた状況は、人口の急増や公害、交通問題などに対して、防衛的な姿勢にならざるをえなかった。しかし21世紀を目前にした現在、まだこうした状況がなくなったわけではないが、明確な都市のビジョンを示し、確実なストックを残していく必要が、20世紀に生きてきた我々の使命であると思う。
「空間の論理が優先される時代」『UD MOVEMENT 第四号』（1992）

北沢さんのこと
高橋正宏　元都市デザイン室長

私が北沢さんと一緒に仕事したのは、エジプトから横浜市に戻り、都市デザイン室長を拝命した1986年6月から僅か10ヶ月間でした。当時都市デザイン室は我国初の都心の歴史的建造物群のライトアップを進めていました。事業が目前に迫りながら予算不足から肝心の照明機器の手当てが出来ない緊急事態にあり、私はメーカーから機器を借りることに決め、北沢係長と連日交渉に駆けずり回った想い出があります。これ迄の横浜の都市づくりは、故田村明さんが1970年代頃構想された六大事業の上に肉付けされていますが、今は今後30～50年間都市づくりの軸となるような新たな構想が求められており、北沢さんが中田市政のアドバイザーとして進められたインナーハーバーを中心とした都市活性化策はそうした構想の機軸足り得るものであったと思います。是非この北沢構想が後輩の手で大きく展開されるよう願っています。

先生から教えていただいた私の役割
松野智義仁　ビッグバン・ハウス（株）プランニングディレクター、イマジン・ヨコハマ事務局長、横浜開港150周年協会プロデューサーオフィス

英俊豪傑かつ優しさに溢れた人であったと思う。先生に教えを請うことができた人々は私も含めて幸せである。社会と都市における自分の役割に気付かされ、ミッションを与えられている。あの華麗かつユーモアにあふれる先生のお話を伺えないのは残念極まりないのだが、開港150周年を終えた新たな時代の幕開けとともに先生から与えられたミッションクリアーに向けてなお一層の気合を入れ、社会のために尽くす。それこそ北沢先生が大切に育ててきた教え子と都市を引き継ぐ教え子の1人として全うすべきことと思っている。「横浜を考えることは、世界を考えること」先生のこの教えによると我々教え子の役割やミッションは世界に通じているのである。

北沢先生との思い出
羽藤英二　東京大学（都市工学科）准教授

私が都市工に赴任してまもないころ、挨拶に伺うと、北沢先生はニカっと笑ってアーバンデザインについて話し出した。ニカっと笑って一人ひとりに足を踏み入れた世界でた、そして一瞬でした。それから5年弱の短い時間、授業以上に、先生の活動そのものが教科書でした。特に、私も参加させていただいたUDSYやインナーハーバー構想では、非成長・縮小時代の予測不可能な中でこそ、構想し続けることの重要性を、先生は説き続けていたと思います。また、先生の人と人を結び付ける力はすごく、学識者も行政職員も学生も市民も渾然一体となって議論したUDSYでは、こうした構想の具体的実現を担うであろう運動体が、いくつも生まれています。先生の構想した未来に生き、想いを受け継ぎながら構想し続けること。これが先生から与えられた最後の課題だと思います。

構想の手を止めるな
山田渚　横浜市役所建築局宅地審査課

午後イチの大学の演習。その人は、オシャレパーマ（地毛）に黒の皮ジャンで颯爽と現れた。横浜のような都市を創りたくて足を踏み入れた世界で、師と決めた一瞬でした。それから5年弱の短い時間、授業以上に、先生の活動そのものが教科書でした。特に、私も参加させていただいたUDSYやインナーハーバー構想では、非成長・縮小時代の予測不可能な中でこそ、構想し続けることの重要性を、先生は説き続けていたと思います。また、先生の人と人を結び付ける力はすごく、学識者も行政職員も学生も市民も渾然一体となって議論したUDSYでは、こうした構想の具体的実現を担うであろう運動体が、いくつも生まれています。先生の構想した未来に生き、想いを受け継ぎながら構想し続けること。これが先生から与えられた最後の課題だと思います。

感謝
佐古奈々美　経済産業省製造産業局計画研究室　東京大学大学院空間計画研究室　平成22年度卒業

学生でありながら、「現場」の近くで学ぶ機会を多く与えて頂き、感謝をしています。現場と研究の狭間で、身に余るほどの環境でした。いつか先生に追いつきたいと思っていたので、もう会えないことが本当に残念でなりません。体調を崩されてもなお来て頂いた論文中間発表会の日を思い出すと、先生のその愛情の深さに、胸がつまります。感謝して、いつまでも先生と一緒に過ごした日々に感謝して、いつまでも見守ってくださっていると願っています。

2 まちづくりの運動体

北沢さんは、「魅力ある都市を創る」という高い理想を持ち、自ら率先して動く行動人であった。専門領域である空間デザイナー、都市プランナーを基盤としながら、新たなアクションのプロデューサー、組織作りのオーガナイザー、社会革新のイノベーターなど、理想に向け留まることを知らない実践を行った。建築や都市の空間軸ばかりではなく、都市が持つ固有の歴史の時間軸や、市民生活や人間組織の人間軸など、幅広い視点から都市のあるべきビジョンを追求した。常に人材育成を心がけ、多くの人間を巻き込み組織化し、様々な組織間を連携させたように、大きな構図を持った真のアーバンデザイナーであった。北沢さんの行動の軌跡をたどると彼の理想の継承と発展については、次の3つのポイントがあると考える。

(1) 地域の現場からの発想
大都市から地方都市、さらに山間の集落まで、常に現場を重視しフィールドワークを基盤とし、地勢・歴史・環境・産業などから地域固有性を再発見した。市民との対話からものを発想しようとして、硬直した計画論や組織論にこだわらず、柔軟でわかりやすい手法を探求した。地域・企業・NPO・大学など多様な担い手を巻き込んで活発な議論と自立的な活動を生み出し、市民生活を支援し活性化させる空間づくり、伝統的で豊かな地域文化の再生などに取り組んだ。いつも人々の幸福につながる道を求めていたと言える。

(2) 人材づくり・ネットワークづくり
新たなまちづくりを担う人材育成を重視して、教育育成プログラムを意識しながら、誰にでもわかりやすく楽しいデザインプロセスの構築を目指した。都市の質向上のために、縦割りの官僚思考を排除し、権力に従属せず人々の公共性に基づく力の活用を考えていた。建築・土木・都市計画・地理・歴史・芸術などアーバンデザインの関連領域を広く横断して、総合的な研究分野を確立する新たな学会の設立を構想していた。

(3) アーバンデザインセンターの展開
地域で人や組織が集い情報を共有しオープンに議論し活動する拠点として、アーバンデザインセンターを推進した。最後の5年間に全国を駆け巡り、柏の葉のUDCKをはじめ各地にセンターを設立した。各地の拠点が相互連携し、魅力ある都市づくりを日本から世界に広げることを目指すとともに、世界アーバンデザイン会議などを開催し、世界の都市づくりの経験と英知を集める重要性を提示していた。

土井一成｜横浜市共創推進事業本部長

場の生成

大江守之 | 慶應義塾大学教授・UDCY共同代表

北沢猛君との出会いは、私が理学部（地理学専攻）を卒業して都市工学科3年に学士入学した1975年に遡る。2歳年下の彼は行動力があり、議論を面白くし、プレゼンも身のこなしも洗練されていたが、同時に大人の雰囲気があった。懐の深さ、寛容さは当時から彼の人格を特徴づけていた。進路は横浜市でアーバンデザイナーになるという明確な方向性を持っていて、モラトリアム状態にあった私は羨ましく思ったものだ。

卒業後は一緒に仕事をする機会はなかったが、名古屋の建築学会でたまたま出会い長く話し込んだり、大方潤一郎君と3人で関内を飲み歩きながら延々と議論した記憶がある。どんな話題でも本質的なものとのつながりを見出して、しかし自分の側に引き付けすぎることなく、場に返していくというセンスは抜群のものがあった。多くの人たちが彼と話すことを望んだのは、そこから自らが考えるべきテーマを持ちかえることができたからだろう。またそのセンスは対話の中だけでなく、沢山の人が集まる場でも発揮され、そうした場を作り出すこと自体にも及んだ。様々な場所で様々な形態をもってつくられたアーバンデザインセンターは、まさに彼にしかできないスタイルの場づくりであったと思う。

1997年にたまたま二人同時に大学に活動の場を移してからも、何かに一緒に取り組むという機会はなかったが、北沢君がUDSY（Urban Design Study YOKOHAMA）とそこから発展したUDCY（Urban Design Center YOKOHAMA）に誘ってくれたことで、卒業以来初めて定期的に顔を合わせることになった。私はシンクタンクに勤務してい

フューチャーカフェ

た頃、都市計画に関する数多くの調査研究に携わったが、国立社会保障・人口問題研究所に移った頃から、フィジカルプランニングへの研究的関心が薄らいでいき、「アーバンデザイン」からは遠い位置にいた。しかしUDSYへの参加に際して、彼はそれで構わないと言い、狭い専門性の枠を超えて異なる立場にいる人々が議論する場をつくることが目的だと説明してくれた。そしてUDSYは不思議な熱気のなかで活発な議論が行われ、それはUDCYに引き継がれた。

「場」をつくることを通して、彼は何を実現したかったのだろう。2009年3月にUDCYの1年目の活動が終わった直後に私が彼に宛てて書いたメールの一部と彼からの返信の一部を抜粋しておこう。そこに直接的な答は書かれてはいないが、考えるべきテーマが示されている。こうして彼のことを思い起こしていると、何故かブータンのGNH（国民総幸福量）の話を楽しそうにする姿が浮かんできて、温かいものが残る。

Oe wrote
横浜市民のみならず日本社会全体を覆っているのは、ある種の空虚感であるように思います。これはリーマンショックから始まったわけではなく、1990年代から広がり始め、その源泉は80年代にあったと思います。それは豊かな社会になった日本における、その実感の希薄さ、底の浅さ、そこから来る不安といったものが基底にあるのでしょう。それを大きな物語（先日の例でいえば、地球環境問題といった）で救っていけるかというと、もちろん十分ではないわけです。過去の濃密な共同体に戻ることもできません。かつて誰か

が、都市のアイデンティティというのはコミュニティの最低レベルの確保だというような意味合いのことを書いていました。先日の話題のなかでの「つながり」の問題で言えば、都市のアイデンティティは最も弱いレベルでのつながりをつくるものに過ぎないということでしょう。そういう弱いつながりを、横浜都心の歴史、自然、文化、食、企業活動などから複合的に形成される横浜都心の固有性に強く委ねることで、あるいは日本や世界の問題を「先進的に」扱うという文脈に委ねることで、果たして365万人の市民の空虚感は軽減されるのでしょうか。おしつけがましくなく、また即物的でなく、そうした空虚感に直接届くある種の「サービス」を市民と横浜市役所がどのように協働して作り出していけるのか…。少なくとも私は、こうしたテーマをもう少し分かりやすい言葉を探しながら考えていきたいと思っています。

Kitazawa wrote
UDCYに集う人々は、それぞれに深く思考しあるいは実践をしている人であると思います。それぞれの場においてのみ実像が見えて、閉塞感や空虚感が埋まるのでしょう。そこにこそ先進があるのでしょう。われわれ専門家はその場に立ちあうというのが本来の役割です。しかし、場自体が閉塞している、あるいは新たに生まれないことが今日の最大の問題でもあるわけです。場の生成に多少なりとも力を貸すことが必要というのが、アーバンデザインセンターの考え方です。どういった場が必要なのか、しばらくはそれを探すことにいたしましょう。

北沢 猛 追悼文

内藤 廣 | 建築家・東京大学大学院教授

誰であれ志のある都市計画家を思うとき、その職業の難しさと悲しさを思わずにはいられない。彼らは百年を夢想し、理想を思い描き、今日の日常的な無理難題を扱う。それでいて、都市の時間に終わりのないこともよく知っている。華々しくテープを切るようなゴールなどない。すなわち、すべてはプロセスであって、目の前の現実は過ぎ去る一側面でしかない。そのことを誰よりも熟知している。また同時に、自らが夢想する未来もまた過ぎ去る一側面でしかないことも知っている。人間のそして人間社会の性を嫌というほど見ながら、それでも社会の改良を諦めない。都市計画家とはそういう存在なのだと思っている。難しさと悲しさが浮かぶのはそれ故だ。

北沢猛という人は、まさにそういう人だったのではないか。

北沢さんに初めてお目にかかったのは、1994年、みなとみらい線の駅の設計の何かの会合だったと思う。当時、わたしは一建築家としてみなとみらい線・馬車道駅の設計をしていた。元町・中華街駅を担当する伊東豊雄さんらとともに委員会へ申する立場だった。北沢さんが都市デザイン室長になられたのは95年だから、その直前でこのプロジェクトの市側の調整役のような立場だったと思う。いかにも頭脳明晰なテクノクラートという印象を持っている。それは外向きの顔で、北沢さんが情の人だと知ったのはずいぶん後になってからだ。

わたしが2001年から東京大学の土木学科に招聘されて教壇に立つようになってからは、しばしばキャンパスでお目にかかった。雇われ傭兵であるわたしのミッションは、土木と建築と都市を繋ぐことだと勝手に思い込んでいたのだが、実務に通じた都市計画家として呼び戻された北沢さんも、おそらく同じようなことを考えておられたと思う。わたしは右も左も分からぬ所に連れてこられたわけだが、北沢さんは自分の故郷に戻ってきたのだから、もちろん立場は違うだろうが、考えていたことは似たところがあったのではないかと思う。都市の複雑な問題は、建築・都市・土木がスクラムを組んで解決しなければ到底解決できない。都市が規模拡大していく時は、やることはどんどん増えていくのだから、それぞれ分業態勢で臨むしかない。しかし、都市が成長の勢いを止め成熟化していく過程ではこれと反対のことが起きる。都市が文化を孕む時だ。実は、こちらの方が遥かにデリケートで難しい。建築・都市・土木が、それぞれ違う文化を育ててきたことは認めるにしても、それは高度成長モデルなのだ。時代はこれらの融合を求めていることを誰よりも知っていたのは北沢さんだったはずだ。時代のパラダイムはもうすでに変わってしまったのに、現実の動きは遅い。行政の実態に精通していた北沢さんには、それに対する危惧があったに違いない。

しばらくして、北沢さんの博士論文の副査を依頼された。戦後の横浜の都市計画を総覧するもので、企画調整局から都市デザイン室へと、時代とともに在り方を変えながらも連綿と綴られた都市デザイン形成史ともいえる大部の論文だった。タイトルは「空間計画と形成方策の多層性に関する研究」。それを読めば、横浜においてどのように都市デザインが誕生し、悪戦苦闘の末に今日を迎えたか、百年の計が如何にして現実のものになっていくかが辿れる。冒頭に述べた感慨は、まさにこの論

文を読む中で感じたことである。
「都市デザインは、空間が生まれそして生きた空間として持続される具体的な場面において力を発揮するものであり、計画論やプロセス論として整理されるものではない。目標を描き空間として実体化することが、都市をデザインするという行為である。ひとつひとつの空間に関わる人々やその行動原理が「全体として価値ある空間」を創り出す方向に動いていくためには、具体的な空間デザインと制度や組織などの社会システムの両者が必要になる。」
都市デザインの現場に身を置いた北沢さんにしか語れない言葉である。
すべて都市の発展はプロセスの一断面でしかない。あらゆる都市の物語りに終わりがないように、横浜もまた、まだ終わりのない物語りの途上にある。それでも、横浜が大きく変わったことは誰でもが認めるところだ。さまざまな公共空間にデザインが加えられ、そこに都市デザイン室が大きな役割を果たしていることは、なによりも市民が一番よく知っている。この信頼関係は、長年に渡る不断の積み上げの成果である。また、北沢さんが常に念頭に置いていたであろう空間デザインと社会システムの連携の成果でもある。
四年前、北沢研究室は新設された柏キャンパスに拠点を移した。学融合を目指す新しい領域を扱う柏は、まさに北沢さんにふさわしい場となったのではないか。しばらくして、UDCKという聞き慣れない横文字が並んだ小冊子が届くようになった。北沢さんが代表を務めておられた Urban Design Center Kashiwa-no-ha の略だと知ったのは、しばらくしてからだ。UDCK設立の経緯は詳しく知らないが、街に対する活動拠点のような動きをしようということだったのだと思う。柏駅前に建てられた仮設の建物を根城に、まさにこれから街を作っていくところだった。志は受け継がれていくと思うが、リーダーを失ったことは残念でならない。
全く想像でしかないが、晩年の北沢さんの動きは、ハードウェアよりソフトウェアの方に関心が移りかけていたのではないか。UDCKの動きに明らかなように、場をつくるための都市や建物というハードウェアはあるにせよ、そこに展開される活動やそこで生み出される都市のソフトウェアに重きがあったように思う。
終わりのない都市の物語は、たとえそれがプロセスであったにせよ、そして、それがたとえ見果てぬ夢であったとしても、空間デザインを旋律に、そして社会システムを通奏低音に、より美しい韻律を奏でることが出来るはずだ。ソフトウェアとはその韻律のこと。その韻律にこそ人間社会の希望がある。そんな北沢さんの言葉が聞こえてくるような気がする。
ご冥福をお祈りしたい。

みなとみらい線・馬車道駅　©内藤廣建築設計事務所

北沢さん、残念の極みです

田所 寛 株式会社都市計画センター 代表取締役、(NPO法人アーバンデザイン研究体 理事)

未来の社会のビジョンが見えにくい時代を危惧し、その確立とそれを目標とする空間計画の必要性を唱え、政策と地域密着型の両面から様々な試みに挑戦してきた数少ないアーバンデザイナー。将来の姿を描くことは都市・地域づくりの前提であったはずだが、敢えて言え且しなければならない現実とは、そして多様化する成熟社会で共有できるビジョンを描き、その実現力を結集する成熟社会で共とは、「楽しむ」「豊かさ」など普遍的な価値からの発想が必要だとも言うが、UDMもNPO法人となって3年半、運動体としての新たな挑戦の時であることはわかっているが。北沢さんの思いの具体をもっと聞き、ともに議論できないのはとても理不尽で残念である。

アーバンデザイン研究体 (U. D. Movement) とは

杉本洋文 東海大学工学部建築学科 教授、NPO法人アーバンデザイン研究体 理事長

NPO法人アーバンデザイン研究体 (UDM) は、1986年に、30代の建築や都市に関係する若手を中心に結成され、研究や活動をする団体である。北沢氏は2000年に会長、2006年にNPO法人の理事長になり、これまで、毎月の研究会・UD賞・シンポジウム・自主研究など、25年の活動実績を持っている。UDMは、1.都市の時代を見抜く、広範な視点と行動を目指す、2.多様な個性を活かすアーバンデザインを実現する議論の場づくり、3.自己発見の場として既成の枠を越えた「交流」(Human network) の場とすることを目標としている。北沢氏と共に議論し、目指してきた夢について皆さんと一緒に話し合えればと思い参加する。

ネットワークの大切さ

林 仁治 NPO法人アーバンデザイン研究体 監事

北沢猛君はひとを引きずりこむのが得意で、ネットワークづくりが仕事の秘訣だったのではないでしょうか。都市工同期で共に大谷幸夫先生の設計指導を受けた仲であるのに、金融機関に転職し横道にそれてしまった私に、彼はアーバンデザイン研究体の活動に誘ってくれ、ネットワークの大切さを教えてくれました。今でも感謝しています。その活動が、その後、NPO法人として再スタートした際に、彼に理事長になってもらったのも、本業が忙しく、名誉職的な役割になりますが、日常議論する機会が少なかったのが甚だ残念でなりません。せめて彼の遺志をしっかり引き継いでいきたいと思います。心よりご冥福をお祈りします。

人 (ひと) つながりのまちづくり

富川由美子

北沢さんは、生活の楽しさを手に入れることがアーバンデザインの最終目的。社会の強さは幅であり、どれだけ違う人が住み、多様な才能・文化・生活があること。そこに「関係性」が生まれ面白く楽しくなると語られました。「多様性」があれば摩擦もあるが、そこから「関係性」が生まれ面白く楽しくなると語られました。「多様性」を受け入れられる多くのチャネルを持ち、そこから生まれる様々なできごと、ものごとを面白がることのできる幅と奥行きを持つ「人」「場」を培かう「場」。そしてまた「まち」が「人」を育てていってまちをつくる。そしてまた「まち」が「人」を育ててゆく。生命体のような「人」つながり」をまちにもたらすことができたら、きっと生活は楽しくなるでしょう。

横村宜江 アトリエN 代表

去年の夏に、同じアーバンデザイン研究体で一足先に旅立った青木健さんの追悼文を集めていたとき、北沢さんから届いたものには「難しいものですね」とコメントがついていました。体調が良くないというのは、予想外に早く書いてくださったことに驚いたことも思い出します。今になって思うと、どんな思いであったかと、胸が痛みます。北沢さんがいなくなった空隙は、あまりにも大きなものですが、あちこちに「まちづくり」の種が撒かれていることに改めて気がつきます。種が空隙を埋めるべく大きく育つことが一番の追悼になりましょうか。自分にも何ができるだろうか。心に感じる小さな種を育てていきたいと思います。ありがとうございました。

北沢さんへの300字メッセージ

まちづくりの運動体

人や組織をデザインするちから

清家 剛 東京大学大学院 新領域創成科学研究科社会文化環境学専攻 准教授

東京大学の同僚としてここ数年柏キャンパスにて一緒にすごしてきましたが、まちづくりの実践の場だけでなく、大学での研究や教育の場面でも、いろいろな人を巻き込み、いつのまにか多くの方々が関わる組織をあっというまにつくる姿に感心しております。研究においては他専攻の先生方と議論したり、幹部を説得したりしていくつか研究費を獲得してきていました。都市環境デザインスタジオでは、柏近辺の千葉大、理科大、筑波大と共同して進めるスタイルで、学生にとっても刺激的で、教育プログラムとしてもうまくいっております。もののデザインだけでなく、人や組織のデザインからものにつなげる能力も素晴らしかったのだなと感じております。

濃密で楽しかった4年間、これからも‥

信時 正人 横浜市地球温暖化対策事業本部長

都市工学科の先輩でもある北沢先生とは、今となっては先生の晩年の4年間、柏の東大新領域と横浜市役所の二つの舞台でご一緒できたことが、私の誇りとするところである。柏では国際キャンパス構想担当で産学官学連携を模索していた私にとって、先生のUDCK（柏の葉アーバンデザインセンター）を設立し公民学の連携を図りまちづくりを進める、という提案は非常に魅力的で、その設立のお手伝いが出来たことは、私の大きな思い出である。横浜でもご一緒にUDCYを立ち上げ、産官学民の意識の高い方々と種々の議論が出来、本まで出版出来たことは先生のざっくばらんなお人柄がその核にあったからだと思う。全国にUDC○○、という夢を先生の為にも掲げたい。

アーバンデザインセンター

前田 英寿 芝浦工業大学デザイン工学部教授

千葉県柏（UDCK）、福島県田村（UDCT）と郡山（UDCKo）の3つのアーバンデザインセンターの立ち上げと運営を手伝いました。中でもUDCKでは3年間、北沢センター長の下で専任の副センター長を務めました。UDCKが2年経って3年目を迎える2009年春のメモに、期待する成果として、1.市民組織や企業・行政が共有できる空間計画とその策定プロセス、2.専門家（その集団やネットワーク）の役割とその展望、3.計画やその長期的実現に必要な組織や拠点施設のあり方、と書かれています。それぞれ大きな課題ですが、同時に取組むところにアーバンデザインセンターの可能性を見ていたのではないでしょうか。

実践的なアーバンデザイン：思想のリレー

日髙 仁 東京大学大学院新領域創成科学研究科 特任助教

北沢先生は私たちに「実践的なアーバンデザイン」のあり方を大変わかりやすく、具体的に目の前で示してくださいました。UDCKの立ち上げなど、北沢先生とご一緒できた貴重な体験を通じて学ばせていただいたことを感謝しております。先生の活動は、常に多くの人々や可能性に対して開かれた一連の流れを作る活動であったように感じています。思想のリレーといっていもいいかもしれません。先生亡き後も、このリレーは引き継がれ、多くの結実に繋がると信じ、できることなら弟子としてその一端を担いたいと望んでおります。

北沢語録

現代の都市デザインは、既成市街地再編の手段として、都市空間を安心して歩き集う場とし、美しさや心地よさといった人間的な価値の復権に貢献してきた。都市デザインは人や組織の協働・協力関係を築き実践する。こうした取り組みは全国の都市で活発に行われるようになり、都市をつくり再生する主体や方法も多様化している。都市デザインは空間を活動に合うようにつくり変えたり、また新たな活動を引き出す空間として再生させる行為であるが、今、都市に関わる専門家（建築家・都市デザイナー・都市プランナーなど）に求められているのは、次世代への鮮明なヴィジョンであり戦略である。

「新機能主義へ 建築と都市の新たな挑戦の時代」『新建築』（2000）

プロジェクトとしての北沢猛

新井俊一 三菱重工環境・化学エンジニアリング（株）

僅か3年前にUDCYと言う活動で北沢さんとの面識を得た建築門外漢の私には、アーバンデザイナーとしての北沢氏を評価する尺度を持っていない。が、北沢さんがその生涯に描かれたであろう数多くのドローイングの一部であるUDCYの現場で、私自身を含め正に老若男女が活き活きと活動するのを実感した時、彼の魅力に関して素直に評価できた。現在の社会の方向性を決めていく行政と、次世代の社会の創造者を育てる教育との二つの世界・現場で活動してきた北沢さんの理想都市への夢プロジェクションしていくのか、目が離せない。

小林重敬

横濱まちづくり倶楽部は1989年に開催された横浜都市デザイン会議の地域会議（関内地区）を母体として、地元商業者、研究者、行政関係者、まちづくり関係者が集まって結成された組織である。当初から北沢猛さんが先頭に立って組織化を図り、活動されてきた。北沢さんが多忙のため当面、私が会長を務め、北沢さんは副会長として重要な場面で活躍されてきた。

横濱まちづくり倶楽部は、最近では、横浜都心部の都市づくりに関する意見交換の場として、また都市づくりのすすめるべき方向性を議論する場としての役割を果たすようになった。そのような活動のありかたをとるようになったのは、北沢さんの存在が大きかった。都市づくりの曲がり角にあたり、北沢さんを失ったことの痛手は大きい。

拝啓 北沢さん

桂 有生 横浜市都市整備局 都市デザイン室

北沢さんのことを初めて耳にしたのは前・事務所でのこと。都市計画家をあまり信用していないボスが「北沢さんなら」と信頼を寄せていたのでした。その後像は都市デザイン室へ。

最初、さほどの接点はありませんでしたが、UDSYでは一緒の班でひとつのことを共に考える機会が持てました。北沢さんは人を巻き込む天才でした。しかも巻き込まれながらついつい嬉しくなってしまう不思議な魅力をお持ちでした。UDSYを本にまとめる時、雨の夜にそれが何故か妙に嬉しかったのを覚えています。当時の活動「交通班」、これからもちゃんと続けていきます。本当にありがとうございました。

北沢語録

「新しい公共を問う」兆候は、「自分たちで公共をつくっていく」という市民活動です。換言すると『私がつくる公共』というのが、未来社会の重要なキーワードではないかと言うことです。『公共』とは、与えられたものを我々が使うというのではなくて、私がつくっていく公共であり、私自身が公共であるという転換がおこるのではないかというのが、公共空間に関する論点の1点目です。「アーバンデザインの新たな潮流」『建築の今』（建築資料研究社、2010）

まちづくりは柏の葉から

斉藤 威 千葉県県土整備部都市整備課 TX沿線整備推進チーム 副主幹

千葉県の参与として、柏の葉キャンパス駅前のまちづくりガイドライン「柏の葉アーバンデザイン方針」と地域のまちづくりグランドデザイン「柏の葉国際キャンパスタウン構想」をおまとめいただきました。

その中で提唱されたUDCKでの活動は、「北沢スタイル&システム」とも言うべきまちづくりのお手本で、頭文字のKIとSとSをとって「KISS」モデルと名付けたいと思いますが、北沢先生の笑顔とKISSモデルはサスティナブルです。

都市デザインのリーダーシップはどこにあるのか

中島直人 慶應義塾大学・環境情報学部専任講師

北沢先生とのメールでの最後のやりとりは、ジョン・リンゼイ市長下でのジョナサン・バーネット氏らのUrban Design as Public Policy の、現在の米国での継承についてだった。私は米国における都市デザインを担う人たちの運動的強度、市長たちの学長をも引っ張るリーダーシップの具体的強度には、チャールストン市の名物市長ジョセフ・ライリー氏やバーネット氏らが1986年に設立したMayors Institute on City Design 等については報告した。北沢先生と最後に議論したのは、そして北沢先生が実践されていたのは（ボトムアップの取り組みと同時に）政治的局面と都市デザインとの関係構築であり、その我が国なりの理論化、制度化は北沢先生の仕事のはずだったが・・・。私たちに遺された。

UDSY2007にお誘いいただき、ありがとうございました

小西真樹 横浜市建築局施設整備課

私は、直接北沢さんのもとで仕事をした経験はありません。しかし、都市デザイン室長、横浜市参与として横浜のまちづくりにご尽力されている姿を、当時の都市計画局で拝見する機会に恵まれました。北沢さんが委員長をされていた「文化芸術・観光振興による都心部活性化検討委員会」の事務局として、BankART1929誕生の場に同席することができたのは、自分にとって貴重な体験でした。UDSY2007におさそいいただいたことも感謝しています。北沢さんは当時、横浜市の、特に若手職員の政策立案能力について気にされていました。私ももう若手の年齢ではありませんが、北沢さんのまちづくりに対する思いを受け継いでいきたいと思います。

NPO法人アーバンデザイン研究体（UDM）の理事長

竹末猛 NPO法人アーバンデザイン研究体事務局長

UDMの理事長としての北沢さんは、UDMがネットワーク体であることを標榜しているとおり、それぞれが自由に発信し、各個の考えで行動するフラットな組織を目指していました。アーバンデザインに興味があるけれども入会時には全くの素人の方、学生、プロの方も参加してきます。議論の場では誰でも自由に発言する環境を整え、一つの活動に収束させていくのは大変なことですが、個々の発言のタイミングと内容が絶妙だったからこそ、北沢さんが真剣に考え、答えを探し出すことが出来たのではないかと思います。そしてこれがUDMメンバーのアーバンデザインを考え続けるモチベーションの一つになっていると思います。

小田桐純 （株）キャスト環境研究所

北沢先生とご一緒させて頂いた時間は合計しても24時間を満たないと思いますが、僅かな時間をいま振り返っています。
アーバンデザイン研究体において、街を歩き、セッションをし、酒・たばこを飲んだ、そんな時間でした。われわれと同じく、散歩する感覚で楽しげに街を歩いている姿。温かなまなざしで語り合う姿がとても印象に残っています。これからの20年が更なる力を発揮する場となっただろうと考えると、本当に悔やまれます。先生の御遺志を少しでも共有し、創造しただろう未来へ歩むことができるよう、先生のお仕事を深く勉強していきたいと感じております。北沢アーバンデザイン文庫（仮称）創設を強く期待しております。

空間構想としてのアーバンデザインへ

林一則 NPO法人アーバンデザイン研究体 理事

残っている北沢氏の個人ホームページには、2009年の活動として、1月31日UDMアーバンデザイン研究体・公開研究会が最後の項目になっている。内容は書かれていない。私が主導した横浜防火帯建築再生のプロジェクトで議論を交わしたが、このときも無理をしていただくれたのだった。思えばこの数年、もたもたとしている私たちアーバンデザイン研究体の活動は傍らにして、各地に行動するアーバンデザインへと突き進んでいた次第だ。どんどん大きなスケールの空間構想を店開きし、そして、どんなぜだったのか、いまになってわかってきた次第だ。政策手段としての都市計画の上位に、空間構想としてのアーバンデザインを位置づけていくこと、それが彼から学んだ骨となる考えであり、これからも挑んでいくべきことと考えたい。

関係性のデザイン

三牧浩也 柏の葉アーバンデザインセンター 副センター長

東大での先生の講義で印象に残っているものに、「アーバンデザインは関係性のデザインである」という言葉があります。空間をベースにしながら、都市を構成するハード／ソフトの要素の関係性、或は人や制度の関係性をデザインしていくことこそがアーバンデザインの本質であるという言葉に、今改めて意味合いを増し、また、先生がこの意味において、誰にも真似のできないアーバンデザイナーであったことを今深く感じています。先生が用意してくださった柏の葉アーバンデザインセンターという最高の場において、新たな関係性のデザインのあり方を、先生に問いかけながら探っていきたいと思います。

上田俊郎 柏商工会議所専務理事

風のように現れて風の如く去って行かれた北沢先生。柏に何と数多くの事を残して行かれた事でしょう。この短い間の洗礼を受けた一人だと感じています。商工会議所からもUDCKの運営委員に入れて頂き都市計画について全く素人の私が先生の魅力の虜になってしまいました。中でも印象的だったのは、飲み会の中で生まれた「柏の葉イノベーションデザイン研究機構」です。瞬時に構想が纏まり、前田さん他外部関係者の見事なサポートもあり、素晴らしいデザインのPLS3棟が出来上がりました。まだまだこれからだと思っていたのに本当に残念です。先生のご冥福を心よりお祈り致します。

加藤忠正 NPO法人UDM研究体 理事（川越市都市景観課）

いつも近くに居てくれそうな仲間っぽさがあって‥‥

北沢さんとの付合いは20数年前、横浜市への電話照会に始まる。都市デザイン研修のアポイントをとろうとしていた時間が午後の4時。いざ、市役所を訪ねると話もそこそこにいつもの部活の仲間を紹介され、5時を過ぎた頃には居酒屋のカウンターに。話に引き込まれ、意気投合し、2時間も過ぎた頃には、私もいっぱしのアーバンデザイナーを気取っていた。おそらく全国のまちづくりとの出会いはこの時だった。川越の都市デザインとの出会いはこの時だった。川越の都市デザインを担っている連中も同様に「いいんじゃない、それ」って北沢節の洗礼を受け、励みとしていることだろう。北沢さんの「川越のパートナーシップによる持続的なまちづくり」は都市デザインの優れたモデルである」との評価は、町並みでは全国初のグッドデザイン賞をいただくきっかけになった。あの出会いの日、北沢さんの卒論のテーマが川越のまちづくりであったことを知り、それを肴に酒を酌み交わす約束をしたのだが、これも適わないのは何とも淋しい。

丹下由佳理 早稲田大学人間科学学術院 助手（旧姓：丹羽）

柏の葉アーバンデザインセンター（UDCK）UDCK柏の葉アーバンデザインセンターアドバイザー

北沢猛先生が東京大学柏キャンパスで新しい研究室（空間計画研究室）を立ち上げた際、私は大野秀敏研究室にて博士論文を執筆しておりました。その後、UDCK柏の葉アーバンデザインセンターのディレクターに声をかけて頂き、3年間一緒に働かせて頂きました。北沢先生は、明るく穏やかな人柄で、いつも大勢の人に囲まれていました。UDCKには、行政、地域住民、学生、企業の方々など、多種多様な来訪があります。北沢先生は、誰に対しても丁寧に受け答えをされており、夜遅くまでUDCKで打ち合わせをすることもありました。特に、地域住民や学生達が先生と話すために列をなして待っている様子が記憶に残っています。人と人のつながりを大事にすること、丁寧で魅力的な空間デザインの作法について、教えて頂きました。

清水亮 東京大学大学院新領域創成科学研究科社会文化環境学専攻 准教授

空間デザインを支える人づくり、関係づくり

北沢先生と知り合ったのは2005年の新領域赴任以降でした。その後、授業の運営や専攻の運営で一緒に仕事をしましたが、まちづくりそのものを共同で取り組むことはありませんでした。2010年1月から北沢研の学生指導を引き受けることになり、先生の足跡を辿りはじめました。そこでわかったのは、「アーバンデザイン」というよりハードとしての空間のデザインに目が行きがちですが、やはり空間づくりに関わる人々の存在が一番大きいということです。行政だけでも専門家だけでも、そして住民だけでもまちづくりはできないという当たり前のことを改めて感じつつ、北沢流の人づくりと関係づくりをさらに学んでいきたいと思っています。

福島俊彦 元テレビ神奈川事業局長 テレビ神奈川取締役 編成・報道・コンテンツ担当

フューチャーカフェ

tvkの近くに開港記念会館があります。100年前に完成する前は「町会所」と言われ、後に商工会議所も誕生した場所です。北沢教授は、開港記念会館ができる前も後も旺盛のサロンの機能を有していたのだからtvkのカフェを「現代の町会所」にしたらどうかと言っていただき、「横濱フューチャーカフェ」がスタートしました。2年間の08年6月に第1回をスタートしたとき、そんな経緯を主催者挨拶で紹介したのを思い出し、いまもご一緒できたことを心から感謝しています。その時、私は船乗りの息子ですから、「進路をそのまま宜しく候」という意味も込めて「ヨーソロー」で開会しました。天国でも北沢猛さん、「全速前進！ヨーソロー。」

倉敷市の主婦から感謝をこめて
守屋美雪 岡山県倉敷市真備町箭田地区
まちづくり推進協議会事務局

先生にはじめてお目にかかったのは、平成14年5月、「全国地域リーダー養成塾」でした。行政職の多い塾生の中で何もかもわからない主婦の私が仲間と楽しく過ごせたのも、先生の人柄のおかげです。いつも「地域を担うのは君たちだよ」と鼓舞され、すっかりその気になる私たちでした。卒塾してからも「いつでも応援に行くよ」の約束通り、ずっと相談にのってくださり、「私の関係している「岡山県ふるさとづくりももたろう塾」「真備町緑化協会」にもかかわっていただきました。先生が「岡山の秘書です」と私を紹介してくださったことに感激したことを思い出します。先生の教えを大切に、私の「全員参加のあったかまちづくり」これからも前進します。

ネットワークのハブだった北沢先生
原 祐輔 東京大学 羽藤研究室

北沢先生と私は私の学部生時代はだだけの関係だった。しかし、大学院進学後は研究室が違うにもかかわらず偶然、柏の葉や横浜でのWSでご一緒する機会があり、気付いたら横浜での交通班の一員として迎えられていた。そこで、大学に籠っているだけでは出会えない大きな人々とつながりができるきっかけとなり、横浜を中心とした人的ネットワークが形成されていた。いつも中心には北沢先生がいた。都市デザインだけでなく、ネットワークもデザインする人だった。行動する人だった。

柏の葉の結い
田口博之 柏の葉アーバンデザインセンター ディレクター

先生がつくったUDCKは、実に不思議な組織だと実感しています。それぞれに思惑があるはずの行政や大学、そして個人が、フラットであるだけではなく他人の考えに肯定的で、また便乗して物事を進めるのです。立場を越えてビジョンを共有し、実現に向かって取り組む組織になっています。まちをデザインする上で、北沢先生はよく私に、頼まれて考えるのではなく、自らが公共性をもって研究、提案をするように、と話していました。今はその言葉をでなければいけないと話しています。UDCKはそう胸に、一丸となって柏におけるニューアーバニズムを目指して取り組んでいきます。

北沢先生への感謝
浜本健夫 (株)日立製作所 横浜支社 都市開発システム部長

先生に初めてお会いしたのは03年神田学会です。その後04年に私が横浜支社に転勤になり横濱まちづくり倶楽部、UDCY等ご案内戴くとともに、色々なご相談にのっていただきました。先生を通じて、横浜を愛し、横浜のことを良くしようとする多くの素晴らしい方々と知り合いになることが出来ました。なにより横浜の素晴らしさを先生に教えていただきました。

頑張れよ
山下恭子 横浜市APEC・創造都市事業本部創造都市推進課

北沢さんに初めてお会いしたのは、当時教えに来られてた東大当箱のお弁当をみんなで食べていたとき、けろけろけろっぴのお弁当が印象的で、長州の時代でした。鎌倉・横須賀市と外部関係者も含め「三都物語」として交流の場を立ち上げたり、横浜だけでなく外部との交流、外部に広めることに力を注いでいたように思います。それが東大に戻ることにも繋がっていたのかと思います。最後都市デザイン室を出られるとき、(当時私は家の事情などから精神的にかなりまいっていたのですが)皆でも気にせず上大岡あたりで騒いだ送別会の帰り、一緒になったタクシーで、本気で「頑張れよ」と心配してからは、なかなか交流できず、でも昨年創造都市という現場で巡り会う機会を得ました。そして短い間に見送ることになりました。「頑張れたよ」と返ってくるかもしれません。

最後の講義
平林 直 (株)日建設計プロジェクト開発部門

北沢先生には東大柏の北沢研究室の第一期生として迎えて頂きました。昨年9月、長野県奈良井宿で行われた講演会で、先生は国民総幸福量で知られるブータン王国を調査された時の感動を語って下さいました。ブータンの素晴らしさは、古くからの地域のコミュニティがしっかりと残されていることであり、これが街並みや風景に反映されているから、まちは美しく、人々も幸せなのである。そしてこれから日本のまちにはその視点が大切なのだと仰いました。その時北沢先生がUDCKやUDCYに込めた想いをより深く理解できた気がしました。私にとって先生の最後のお姿、最後の講義でした。先生の教えを一生大切にして頑張ります。ありがとうございました。

3 歴史を生かしたまちづくり

　横浜の都市デザインは、7つの目標を掲げており、そのひとつは「都市の持つ歴史的背景や残された歴史資産を保全し、文化資産を尊重、育成する」としている。歴史を生かしたまちづくりは、北沢さんが横浜方式の制度設計を行い、都市デザインの大きな柱にしてきた取り組みである。高度経済成長からバブルへと都市が熱狂していた時期に、北沢さんには、歴史的資産は街づくりの核となり、住民の絆となるかけがえのないアイテムなのだとの確信があったと思う。北沢さんの初期の仕事に、昭和52年から編集を担当した「港町横浜の都市形成史」がある。都市づくりのベースとなるのは、どのように都市が発展形成してきたのかを知ることである。この3年間の編集を踏まえて、昭和58年に市域の歴史資産調査に着手し、都心部の近代建築から郊外の史跡、横浜の近代化を支えた港湾施設などの土木遺構など約450棟の歴史資産を把握している。そして昭和63年に「歴史を生かしたまちづくり要綱」を制定した。

　この制度を駆使して、民間所有者と調整し、馬車道の日本火災横浜ビル（現日本興亜馬車道ビル）のファサード復元や、旧横浜船渠第2号ドックの復元など、次々と歴史資産の保全活用に邁進した。郊外では、長屋門公園に安西家住宅の移築復元を調整し、公園施設として市民に公開するスタイルの公共事業化にも成功している。

現在認定歴史的建造物は80件にまで増えている。北沢さんの創出した施策は、所有者の実情に応じた柔軟な保全活用となるよう、歴史的建造物を所有する企業・団体・個人と行政の様々な部署が協働して進める仕組みが特徴といえる。
平成14年に市が取得した旧富士銀行横浜支店等の都心部近代建築の活用を検討していることを踏まえ、北沢さんは「文化芸術創造都市」を提唱した。
市はアートの持つ創造性で都市を活性化しようという施策に着手し、最初に歴史的建造物を都心部活性化のために活用するため、建物を運営するアートNPOを公募し、BankARTが生まれている。
また、歴史を生かしたまちづくりは、多くの専門家と協働で構築する仕組みを作ってきた。専門家が集まって設立された横浜市歴史的資産調査会は、昨年「ヨコハマヘリテイジ」の設立に結びつき、大きな活動に舵を切る時期にきている。北沢さんは、東京大学教授としても、国内外の様々な都市で歴史の大切さをアピールしており、今日の日本の「歴史を生かしたまちづくり」に大きな実績を残したと言っても過言ではないと思う。

中野 創｜横浜市都市整備局都市デザイン室長

北沢 猛の1982年：
「歴史を生かしたまちづくり」元年

堀 勇良 | 建築史家

一昨年（2008年）の夏、北沢さんから「柏（柏の葉アーバンデザインセンター）に遊びに来ない？」と誘いがあった。北沢さんが主宰するアーバンデザイン研究体から2008年度のUD賞特別賞を授与するとのこと。受賞内容は、「文化財登録の促進、特に日本の近代建築や近代化遺産への理解を深めたこと」、については15分くらいで受賞感想を、とのことであった。

私は、北沢さんが横浜市役所から東京大学に転出した半年後の1997年10月、16年半勤務した横浜開港資料館から文化庁建造物課に移り、7年間半の登録部門、3年間の調査部門の主任文化財調査官を務め、2008年3月末日退職した。在任中、約4000件の文化財建造物の登録、旧富岡製糸場などの重要文化財建造物指定を担当した。総てが登録文化財建造物というわけにはいかないが、折角の北沢さんのご配慮でもあることから、横浜での近代化遺産を中心とした「歴史を生かしたまちづくり」の事例をもって受賞感想に代えることとした。当日（2008年10月4日）用意したスライドは以下のようなものであった。

土木構造物としては：明治中期の鉄製ピントラス道路橋を移設した浦舟人道橋、英米日揃い踏みの汽車道の100フィートトラス鉄道橋梁と汽車道護岸、最大規模の移設保存活用を実現した旧横浜船渠第2号ドック（ドックヤードガーデン）、確認されたばかりの象の鼻埠頭の石積防波堤護岸など。地下埋設構造物遺構としては：開港広場の旧外国人居留地煉瓦造下水道マンホール、旧外国人居留地消防隊煉瓦造地下貯水槽、発掘された旧横浜税関構内鉄軌道転車台遺構など。山手の西洋館としては：最初の移築活用例になった山手公園クラブハウス、元町公園園路整備工事中に発掘されたブラフ80メモリアルテラスと元町公園沿い坂道で発見された石造側溝（ブラフ溝）、元町公園に移築されたエリスマン邸、東京渋谷から移築保存され重要文化財指定を受けた外交官の家、山手72番ベーリックホール、山手111番館、山手234番館など。近代建築では：中庭を公開空地としたホテルニューグランド、旧シティバンクの正面玄関扉や旧シェル石油の正面玄関回転扉、横浜開港記念会館のドーム復元、「歴史を生かしたまちづくり要綱」適用第一号になった旧日本火災横浜ビル（現日本興亜馬車道ビル）、新港埠頭赤レンガ倉庫など。産業遺構としては：旧横浜船渠のニューマチックエアコンプレッサー、ドック排水ポンプカバー、2号ドック渠口部のキャプスタン。

そのほとんどは、私が建造物の歴史的価値の所見の下書きをなし、北沢さんが「歴史を生かしたまちづくり」に沿って事業化したものだ。多種多様の建造物、事業時期も永きに亘り、地域も広範であるが、中村川の浦舟人道橋から、山手、山下町、関内へ、そして山下公園から象の鼻パーク、新港埠頭、汽車道を経て日本丸メモリアルパークとドックヤードガーデンへ至る横浜市の「歴史を生かしたまちづくり」を通観してみると、北沢猛の「歴史を生かしたまちづくり」は、アーバンデザイナー北沢猛の見事なまでの「アーバンデザイン」作品となっていることに気付く。

いま手元に、北沢さんが起草した「歴史を生かす街づくりの推進について（歴史的建造物の保全方針策定）」と題された「歴史的建造物保全プロジェクト準備会」配布資料の写しがある。準備会の日付は昭和57（1982）年9

エリスマン邸

月20日となっている。北沢さんが担当した『港町・横浜の都市形成史』（横浜市企画調整局）の刊行にこぎつけたのは1981年7月だったようである。三井物産横浜ビル建替計画のニュースを察知したのはその年の暮れのことで、翌1982年2月には横浜開港資料館から「三井物産横浜支店建築（現横浜三井物産ビル）の保存活用について」が出され、北沢さんは7月12日の横浜市役所関係課長会議資料用として「横浜・三井物産ビルの保存問題について」を作成している（結局はこの建替計画は立ち消えとなった）。一方、この年（1982年）の2月、開港広場整備工事が着手され、その事前調査で明治10年代築造の居留地煉瓦造下水道マンホール遺構の存在が確認されたことから、設計変更をなして現地保存することになった。関係各局の調整に当たったのは都市デザイン室であり、まだ動き出していない「歴史を生かしたまちづくり」の第一号ともいえる。また、山手地区で取り壊し寸前の白亜の西洋館エリスマン邸の存在が確認され、都市計画局都市デザイン室と同局企画課が連携し、所有者から部材の寄贈を受けるに至ったのは1982年7月から8月にかけてのことだった。この同時進行の1982年の三例が「歴史を生かす街づくりの推進について」の起草を促し、昭和58（1983）年度、昭和59（1984）年度の「横浜市歴史的環境保全整備調査」、昭和60（1985）年度の「歴史を生かしたまちづくり構想策定調査」に繋がり、昭和63（1988）年4月に横浜市「歴史を生かしたまちづくり要綱」をスタートさせることになったのである。この意味で、北沢さんの1982年は、いわば北沢さんの「歴史を生かしたまちづくり」元年になるのである。

北沢さんが横浜に残したもの

土井一成 | 横浜市共創推進事業本部長

　北沢さんがアーバンデザインを通じて目指したものは何だろうか。単に空間だけを問題にしていたのではない。都市の形成過程や都市を動かす人間組織など動態的な視点を持ち、空間・時間・人間の3軸からあるべきビジョンを構想しようとしていた。「都市歴史観」が彼の思考の基本であった。50年100年の過去を遡ることで、50年100年後の持続する未来を創ることができる。都市が持つ固有な歴史文脈を探求し、過去と現在と未来をつなぐデザインのあり方を求め続けた。また、自立した個人の豊かな都市生活を重視し、一人ひとりの幸福の視点から都市のあるべき姿を追求した。ブータンの国民総幸福度をはじめ、人間の側に立つ都市計画を探り続けた。

　彼が最も深く都市歴史観を磨いた都市は、言うまでもなく横浜である。港町横浜は150年前の開港時から、人々が集い協力し合って発展させてきた都市である。北沢さんは、特に横浜の都心臨海部について、図面を広げ自ら手を動かし、若い頃から何度もあるべき空間のプランニングを試みている。都心部アーバンデザインプラン、ナショナルアートパーク構想、インナーハーバー構想とブラシュアップされていく。人間性ある空間デザイン、都市の歴史ストック、豊かな生活文化の場を目指し、理念からディテールまで徹底的にこだわった。その結果を実践活動の中で、力技で見せてくれた。

　横浜の関内地区はかつての居留地であり、西洋の近代的都市計画技術が直輸入されてできた場所である。しかし、地区内には象徴的な広場空間は残念ながら存在しなかった。北沢さんは不断のプランニング作業の中で、戦略的に「都市広場」を埋め込んでいった。開国の条約締結の地、明治の造船所ドック跡地、横浜港の発祥地と、都心部のキーとなる歴史的重要スポットを敢えて選定したに違いない。都心部の形成過程や文脈を読み取り、具体的なプロジェクト構想を提案し、官民の幅広い関係者を調整して、一つ一つ実現させていく。彼は、都市プランナー、空間デザイナー、事業プロデューサー、組織間コーディネーターなどのマルチな役割を担った。具体的には、「開港広場」は日米和親条約締結のメモリアルであり、彼が担当職員として計画策定と公共事業のデザイン調整を行った。「ドックヤードガーデン」は民間事業のランドマークタワー建設の中で、歴史資産へのデザイン指導により明治の石造ドックが保存活用された。「象の鼻パーク」は横浜港の発祥地の復元整備であり、有識者委員会の立場から構想段階からアドバイスを行い事業化の牽引役となった。各々のアプローチ手法は異なるが、彼が過去との対話を深めながら、都市横浜に根ざす未来資産を具体化したものである。

　現在、これらの都市広場は横浜の代表的な名所となり、人々に過去の記憶と未来への希望を呼び起こさせる魅力あふれる場所となっている。横浜都心部の水際線はしだいに市民開放が進み、四半世紀をかけてようやくゆるやかにつながった。人々は憩い楽しみながら巡ることができ、そこで語られる言葉は「横浜は港と街並みがきれい」「古い建物が残され魅力的だ」「ゆったりして気分がいいね」「今度は家族を連れてこよう」など。これこそが北沢さんが望んでいた都市の姿であり、彼のアーバンデザインの原点は人々の喜びであったと思う。3つの都市広場は世界にも誇れる日本のアーバンデザインの金字塔である。

北沢さんは、魅力ある都市を創るという高い理想を持ちながら、新しい未来社会のデザインを求めて、大きな構図を持って行動していた人だ。オープンな心で何より人を大事にし、後輩でも部下でも学生でも愛情を持って鍛え育てて、多くの人材を世の中に輩出した。自治体、大学、NPOなど、北沢さんの周りにはいつも「人の輪」が生まれた。議論をすると「都市のビジョンこそが重要だ」「実践しないと意味がない」など熱い言葉が伝わり、皆が元気になり、一緒にやろうという気持ちが生まれてきた。彼はいつも立場・分野・年齢などを越えて、人を呼び寄せ乗せてしまい、多くの人間を巻き込みながらひとつの方向に動かしていく。

病気を知ってからのこの5年間。それを誰にも言わず、様々な大学、多くの都市や地方、アジア各地など、自分が関わってきた幾つかの「人の輪」をさらに大きく「連環」させようと命をかけて活動した。それはまるで幕末を駆け抜けた坂本龍馬の姿のようであり、皆が求めるひとつのヒーローであった。永く生きてほしかった。もっとあなたと一緒に歩き、話をし、都市の未来を議論したかった。素晴らしいまちづくりが全国各地にさらに花開いていただろう。

結局、北沢さんが私たちに残してくれたものは、誰よりも高い志ではないかと思う。この志を大切にして前に進んでいくことが、残された私たちができる唯一のことである。

象の鼻パーク　©小泉アトリエ

歴史を生かしたまちづくり

北沢さんのこと

金田孝之 | 前横浜市副市長

北沢さんのことについて書いてほしいと、秋元さんから依頼され、今書いているが、丁度五月連休の山から帰ってきたところである。私が連休に取り付いたルートは、第二次大戦後間もないころに北アで冬に遭難死したあるアルピニストが二度取り付いたルートでもあり、そのルートから彼の最後となった場が谷を挟んでよく見えた。彼の遺書の中に「個人は仮の姿」という部分がある。北沢さんが亡くなる二週間ほど前に、極めて意識が明確であった彼と、仕事の話をした。今までやってきたこと、そして、時間の制限あるがこれからやりたいことを静かに論じていた。個人は仮の姿であるが、あらゆる個人は歴史的・社会的存在であり、仮の姿と彼の仕事の中には、大なり小なり歴史性と社会性が存在する。そのことをどの程度鋭敏に感じるかは、置かれた環境とその気質による。鋭敏に感じる人ほど、同時代に「問い」を投げかけ、時代を超えて「問いと答え」が生き続ける。「個人は仮の姿」という言葉を残したアルピニストが目指した登高のスタイルは、二十年を過ぎて、普遍的なものとなっていった。

都市デザインを選んだ彼は、都市デザインが今の時代で持たざるを得ない「先進性と闘い」の中で、彼の気質もあって、質・量ともに激しい仕事を引き受けざるを得なかっただろう。むしろ、激しい仕事の中で、同時代と歴史を生きることをにこやかに享受していたとも言える。彼と幾つかの仕事をともにしたが、その中で対極にある仕事についてコメントしたい。

ひとつは、みなとみらい地区にある横浜ランドマークタワー建設における、2号ドックの保存である。2号ドックの全面保存という「極めて困難な信じがたい目標」を掲げ、その意義を社会に認知させたのは、彼とその郎党である。できてしまえば当たり前になるが、計画の過程では、超高層ビルの足下に長大な2号ドックを組み込むというのは、トホウモナイ考えであった。開発指導の責任者からは、「半分保存」という声が出る中で、ほぼ全面保存にこぎつけたのは、彼の知性と情熱によるところが大きい。それを事業として収めたのは、彼と認識を同じくしていた「開発指導の郎党」、あの時代の空気、そして何よりもドックの全面保存を受け入れることができた開発者の知的情熱と懐の深さである。前者はコンセプトと演繹的思考により、後者は数字と帰納的思考により、跳躍した。そして、実現した。幸せな時代のハッピーエンドである。

もうひとつは、彼の遺作ともなった、インナーハーバー構想である。

彼にとっては、二度目のインナーハーバー論である。最初のインナーハーバーへの提案は、1992年であったと思う。インナーハーバーという空間を素材として、同時代の建築家やアーティストと語ってみたいという想いが濃厚に感じられた。同時代への発信よりも受信の方が、いささか重かったのかとも、今にしては感じられる。昨年2009年のインナーハーバー論は、インナーハーバーのトポスにどっぷり漬かり、彼の時代への想いを表現したものである。港、川、丘、建物、街路、公園、そこに暮す人々の息づかい、過去から未来への時間を読み込み、次の時代に何をなすべきかを彼は求めた。横に座っていて、ヒシヒシと彼の想いを感じていた。彼は、よく見えぬ次の時代に、課題を残していった。

彼はこの世には存在しないが、彼の追い求め

た仕事の「歴史的・社会的意味合い」は、今もここにある。それは、どのように伝道されていくのだろうか。もっとも、伝道師だった彼は、殉教者というより仕事の享楽者であったようだが。そう、仕事は仕事自体が完成するだけでなく、楽しんでこそ、仕事ははじめて成就する。さらに加えるなら、先哲の想いを体感して、個人の実存はより確かなものになる。

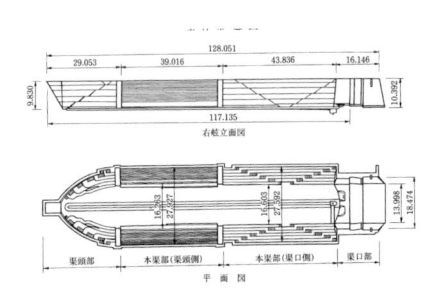

ドックヤードガーデン

無題

中尾 明　株式会社 都市設計研究所 代表取締役

デザイン室の新しい施策として、「歴史を生かしたまちづくり」に取り組むことになり、一緒に横浜の野山を駆け巡って歴史資産を見て歩いたのは、もう四半世紀にもなる遠い昔の思い出である。その後も、最近のクリエイティブシティの検討に至るまで、随分色々な仕事を一緒にすることが出来た。

そんな中で、彼は多くの人々の気持を結集し、作業の目標に向かって体制を組み立てて行く行動力を持った先導者であり、矛盾する状況を突破すべく、粘り強く試行を重ねる柔軟な思考を持った創造者であった。

横浜での蓄積を土台に、多くの自治体等に活動の輪を広げ、わが国の都市デザインの新しい地平を拓こうとしていた矢先の突然の逝去は、惜しんで余りある。

歴史を未来へつなぐ実践者・北沢猛さん

恵良隆二　三菱地所株式会社 美術館室長

川端真志さんから「横浜には北沢猛さんがいるよ。一度会ってみたら」と云われたのは昭和60年頃、暫くして、旧横浜船渠第2号ドックの保全活用を協働することになります。最初の笑顔との出会いと核心をつく問いかけは、その後良い答えに導けるとの確信を与えていました。その成果は活用型重要文化財指定を受け、横浜の歴史と未来を繋ぐドックヤードガーデンになりました。やがて、丸の内へ、北沢さんは東京大学へと活動の場を変えました。そこでも北沢さんの意見交換は多くのヒントを与えてくれました。丸の内仲通り、日本工業倶楽部会館、三菱一号館等です。これからご一緒する機会が増えると思っていた矢先の計報は残念でなりません。

北沢さんの優しさ

室伏次郎　スタジオアルテック代表、日本建築家協会副会長

北沢さんには様々にお世話になりつつ、2008年3月には日本建築家協会保存問題横須賀大会の基調講演をお願いし、大会を成功裡に導いて頂きました。横須賀、浦賀の地域資産の評価と将来計画についての、ヒマラヤ山麓ブータン王国の調査に根ざした、国づくりのレポートを語られました。彼の国は若い国王の意欲的な姿勢もとして近代化を第一義としながら、世界に開かれた豊かなコミュニケーションを目指し、「国民の幸福度」を指標に統治されると言うユニークさで世界に知られた国です。情報化時代の只中にあって、悪しき意味でのグローバル化に抗してアイデンティティ高い国づくりを評価され、その人間主義とも言える主題を、近未来の都市のあり方として熱く語っておられたお姿が忘れがたい記憶として私の心に刻まれています。

北沢さんのご逝去を悼む

坂本勝比古　神戸芸術工科大学 名誉教授

謹みますと、北沢猛さんのご逝去を、先生にお会い致したのは、昭和56年頃、愚生が千葉大学に赴任して間もない頃でありました。先生は当時すでに横浜市都市計画局都市デザイン室に在動しておられ、前途を嘱望される存在であったのことになります。小生は当時横浜山手の西洋館について、都市デザイン室や文化財課の依頼で調査や助言を致しておりました。先生は、横浜市が提唱した「歴史を生かしたまちづくり」のコンセプトの遂行にあたり、その中心にあり、東京大学に戻られてからも、毎年いただく年賀状のなかで、全国各地の都市や横浜市の未来像を描いたエネルギッシュな文言が溢れていましたのに、突然の計報に言葉もない思いでおります。ご冥福を心からお祈り申し上げます。

インテリ・アーティスト

吉田鋼市　横浜国立大学大学院・教授

横浜市の歴史を生かしたまちづくり要綱のスタートは1988年ですが、その準備のための横浜市歴史的環境保全整備調査があり、それに加えてもらった1983年頃に初めて北沢さんを知ったものと思います。27年も前のことになります。まれに見るexecutiveな人で、当初の印象は「静かに吠えるライオン」「インテリやくざ」というものでした。それからだいぶ後のことですが、「こんかの建物の保全の議論の際に、窓の断面だったかディテールをスラスラと描いたときにはびっくりしました。「インテリ・アーティスト」でもあったわけです。theorizerとしての完成が望まれているときの突然の中断でした。お世話になりました。さようなら。

自称「ファン」

賀谷まゆみ　横浜市市民局市民協働推進部 地域活動推進課 地域支援担当課長

初めてお会いしたとき、山手のフェリス女学院向かいにある洋館を守ってくれた話をきき、それだけで私は北沢さんのファンになりました。ずいぶん昔の話ですが「FOR SALE（RENT？）」の看板を、見慣れたこの素敵な洋館がどうなってしまうのか、とても心配していたからです。このことだけで私は勝手に、「北沢さんは横浜のために働いてくれる人だ」と確信し、ずっとそう信じていました。数年前UDSYの話がでたときには「やっぱり！」と思い、こちらからお願いして参加させていただきました。これからも横浜のためにも考え、行動することが、北沢さんの想いを継いでいくことになると思っています。小さいかもしれないけれど、私も頑張ります。

歴史を生かしたまちづくり
北沢さんへの300字メッセージ

都市の記憶と北沢さん
今井信二 元横浜市役所

横浜市に入って、掛け値なしにすごいと思った職員が2人いた。そのうちの1人が北沢さんだ。資料の作成能力、プレゼン能力、説得力、それに図々しさ、どれをとっても天下一品だった。昭和59・60年度の2カ年、教委で、文化庁から補助金をもらい、山手の伝統的建造物群の調査を行ったのが始まりだ。その後、北沢さんがデザイン室で「歴史を生かしたまちづくり」を、当方が教委で文化財保護条例の建造物担当を担い、車の両輪として、横浜の都市の記憶、歴史的建造物の保存を同時にスタートさせた。出張や「この会」での旅行、随分いろいろなところへ行き、友達を増やしたのがいまでも財産だ。

ドックヤードガーデンのこと
菅 孝能 （株）山手総合計画研究所 代表取締役

様々な事業をお手伝いした「歴史を生かしたまちづくり」の中で印象深いのは、「ドックヤードガーデン」である。日本丸メモリアルパークとして動態保存された1号ドックに対して、2号ドックは乾ドックとしての空間体験が出来る利活用手法を提案したところ、早速、村松貞次郎先生を担ぎ出して横浜市と三菱地所の共同調査委員会を組織し、2つのドックをペアで現地保存し、現代建築技術の最先端を行くランドマークタワーと近代土木遺産の共存という世界に類をみない都市景観を実現させた手腕に感服したものである。構想力、実行力に卓越して、横浜だけでなく日本の都市デザインにとって惜しい人を失った。

横浜市の歴史を生かしたまちづくりが始まったころ
小沢 朗 横浜市市民局市民活動支援課課長

1985年頃、横浜市広報課でグラフ広報誌担当であった私は、都市デザイン室北沢係長（当時）に相談し、歴史的建造物の特集号を制作・発行しました。87〜91年都市デザイン室初の事務系職員となった私は「歴史を生かしたまちづくり」を担当しました。北沢さんが入念に準備していたこの仕事を手伝うことが私の4年間でした。このとき以降、多くの歴史的建造物が保全活用されることになりました。2004〜07年、私は室長として再び都市デザインに。この時期は北沢参与としてご指導いただきました。「歴史はこの都市の個性として将来に向けて生かすもの」。これが北沢流歴史保存の真骨頂だったと思います。残してくれた財産を生かして私たちは今を生きています。

アントニオ北沢
ジェラール菅

北沢さんと（財）環文研の内山さんとJNTの米山さんが意気投合して、まちづくり人と交流してまちづくりを現場で学ぼうと始まった「この会」は20年以上続いている。私も最初期から仲間に入れてもらった。週末の休みを利用して、近い所は日帰り、遠くは土日一泊、さらに遠くは金曜の夜行列車で出発というかなりハードスケジュールの旅だが、楽しく充実した旅であった。打ち上げがよく行ったのが、野毛のスタンドバー「パラ荘」。話が盛り上がるうち、会員はホーリーネームを付けようということになり、北沢さんはギタリストのアントニオ古賀に雰囲気が似ていると、アントニオ。私は山手のまちづくりをやっていたのでジェラール。

木下眞男 竹中工務店横浜支店調査役

北沢さんと私は、彼が横浜市在職中、同じ部で、多くの仕事を横のつながりの関係で、行いました。彼の横浜市に残した業績の中で、印象深いのは「歴史を生かしたまちづくり」制度の創設です。横浜市の質の向上にとって重要な事業になっています。彼と一緒に担当した都市デザインフォーラム、私の後任として彼が担当した横浜アリーナは、私にとって、思い出深い仕事となっています。ご冥福をお祈りします。

小林 彰　鎌倉市都市景観課係長

北沢さんと一緒に仕事ができたことは、とても幸せなことでした。平成8年4月、デザイン室がどのようなところかも分からないままに横浜市役所に向かいました。その私に与えられたのは「外交官の家」を完成させるというミッションでした。宮人さんを初め、多くの関係者の方々に支えられて、何とか無事にオープンにこぎつけられることを知りました。北沢さんが横浜市を去られることを上げてもお開きになろうとしたときです。「最後の挨拶は担当者に・・・」と、私と得能さんを指名されました。なぜか熱いものがこみ上げてきて満足な挨拶はできませんでした。オープン当日は、大変な風雨の中でしたが、全てが終わり、打ち上げてもお開きになろうとしたときです。「最後の挨拶は担当者に・・・」と、私と得能さんを指名されました。なぜか熱いものがこみ上げてきて満足な挨拶はできませんでした。一生忘れられない思い出を作っていただき、ありがとうございました。

ヨコハマ洋館探偵団
嶋田 昌子　ヨコハマ洋館探偵団

北沢さんに初めてお会いしたのは、取り壊し寸前の根岸フレーザー邸の居間だった。横浜には数少ない明治の建物の調査にいらっしゃったのが、若き日の北沢さんだった。昭和57年か翌年のことかと思う。開港広場の整備や「都市デザイン白書」に関わられていた頃だろうか。私ごとでいえば、フレーザー邸がきっかけになって建物保存の難しさを実感、やがて「ヨコハマ洋館探偵団」の活動に結び付き、「横浜シティガイド協会」をスタートさせる原動力になった。以来、数々のご教授、ご支援いただいた。感謝の言葉を墓前に捧げることになってしまったが、大変悲しくつらい。先日テレビの取材に同行し、当時の仲間と山手公園の管理事務所（旧山手68番館）を訪ねた。フレーザー邸の和風の照明器具が今も使用されているのを確認、北沢さんの思い出話をJCOMテレビにすることができ、お仕事の一端を墓前にご報告する次第となった。

モーガン邸復興にかけた想い
大野 敏　横浜国立大学大学院准教授

私が北沢先生と最も近くに接したのは、モーガン邸焼損後に開催されたナショナルトラストの対策会議でした。水沼淑子先生や私達は「焼損したモーガン邸主屋は再生可能」という立場で、所有者のナショナルトラスト幹部の方に対して「ナショナルトラストの社会的使命として再生」を強く主張しました。しかし財政状況を理由にナショナルトラスト側は再生にきわめて慎重な反応でした。そのため会議は再生か慎重論かで激論が交わされたわけですが、ナショナルトラスト理事であった北沢先生は、ナショナルトラストの内部事情も勘案されつつ「どうしたら再生へ向かって舵取りが出来るか」を常に考えて会議を指導してくださいました。道半ばで先生を失ってしまった事は残念でなりませんが、何とか先生に良い報告が行えるように今後も努めて行きたいと存じます。

都市デザイン室長北沢猛
得能 千秋　横浜市環境創造局公園緑地整備課（都市デザイン室 95年〜98年在籍）

室長席でトレーシングペーパーに関内エリアを描き、線や矢印でなにやらニュムニュ描いている、眺めながら朝は必ず冷たい缶茶を飲んで酔いを醒ましている。「仕事は担当者と係長がやるもの。課長は最後でいいんだよ最後」なんていって、好きなこと、信じることを都市デザインの仕事に仕立てる。北沢さんは横浜でそれを実践していたと思います。外交官の家修復元の事、北沢さんは横浜山手への移築の話をまとめ上げました。1996年に山手イタリア山庭園で「外交官の家（旧内田家住宅）」としてオープン後も、途切れることなく元所有者の宮人久子さんとの親交を保ち、事あるごとに相談にのっていらっしゃったそうです。北沢さんの面倒見のよさ、頼り甲斐のある人柄に皆が惚れ込んだんだと思います。

北沢猛さんについて
亀井 泰治　横須賀市都市部市街地整備景観課 上席主査

北沢さんはよく「世の中はスパイラルに進む。私は北心のベクトルを言っていました。私は北沢さんから「歴史を生かしたまちづくり」を通じて多くの教えを頂きましたが、まるで将来のすべてが見えていたのではないか、と感じていました。例えば、北沢さんプロデュースで横須賀市の浦賀ドックの保存計画を策定しましたが、土地所有者の住重、声の大きな市民そして市長の意向を大きなベクトルに巻き込み、骨太の方針としてまとめて頂きました。計画策定から8年が経過しますが、徐々に北沢さんの先見性が現れてきており、驚嘆しています。北沢さんは、鳥瞰的立場から未来を認識できる稀有の能力を持っていたのかもしれません。

新しい街づくりの可能性

内田青蔵 神奈川大学建築学科・教授

横浜の歴史を生かしたまちづくりは、単に新しいアーバンデザインの開発だけではなく、当時、壊されるのが当たり前の状況にあった歴史的建造物を救い、再利用という道を拓いたといえる。そんな試みを行った人々の中心に北沢さんがいた。東大に移っても、その人柄や街あるいは建築に対するまなざしは変わらなかった。北沢さんは、「猛」という名前とは異なり、カーッと熱くなるような場合でも冷静に対処する人柄であった。ところで、私が横浜のアーバンデザインの素晴らしさを体感したのは、30歳代の頃。昨年、久々に横浜を訪れたが、正直にいえば、昔感じた魅力を体感できずにいる。その理由のひとつは、横浜の手法が広がりを見せつつあることである。逆にいえば、新しい街づくりをもっと推し進めることが求められているようにも思う。北沢さんは、われわれに、そろそろ俺に頼らずもっと前に進め！と諭しているのかもしれない。

実現への強い意志を持つ類いまれなるデザインマン

秋口守国 三菱地所・顧問

北沢さん、これからも日本のデザイン制度・計画・事業などに、もっと、もっと、活躍いただこうと思っていたのに、お亡くなりになられたとのこと、きわめて残念です。私が、20年前政令市を目指す千葉市に勤務して、先ず直面したのが、中央区役所の歴史的な建造物である旧銀行建築の保存・利活用をどう進めるか、横浜市の事例を元に、最終形のみならず、関係者との調整や手順など基本的な考え方をしっかり教えてくださいました。おかげで、村松教授、大谷教授などのご支援を受けて、結果として、全国でも珍しい鞘堂形式の区役所と美術館の合築建造物で開設され、しっかり後世に引き続くものです。感謝の気持ちをこめ改めまして、北沢さんのご冥福をお祈りいたします。合掌。

新しい街づくりの可能性 (右頁)

米山淳一 （社）横浜歴史資産調査会・ヨコハマヘリテイジ 常務理事・事務局長（元（財）日本ナショナルトラスト事務局長）

「マグロのみりん干しを買いに行く」と昼食もそこそこに席を立った「俺も」と北さん。歴史的景観都市連絡協議会の日南市大会（昭和57年10月）でのことだ。歴史的景観をまちづくりに活かしている市町村の集まりであるこの協議会の白川村大会（岐阜県）で初めてお会った時からキザな野郎だと思っていた印象は一気に吹き飛ばされ、意気投合して岸壁沿いを急ぎ目指す鼈甲色のみりん干しを手にしてお互い笑顔になれた以来、「地域には地域の良さがある」と酒を酌み交わし語りあった。気心知れた遊び仲間が集まり「この会」も誕生。楽しく、明るくみんなで歴史の町を旅した。縁とは不思議だ。北さんが心血をそそいだ「歴史を生かしたまちづくり」の一端を担うべく僕は今、ヨコハマヘリテイジに関わっている。好きな歌は「時間よとまれ」だったね、北さん。

ある西洋館との出会い

酒井浩次 横浜市建築局情報相談部長

「ちょっと渋谷に面白いものがあるから見に行こう。」当時、都市デザイン室長になったばかりの北沢さんに、唐突に言われた。確か5月の晴れた爽やかな日だった。東京にしては珍しいほどの青々とした緑に囲まれて、その瀟洒な西洋館は建っていた。オーナー（明治の外交官内田定槌氏のご家族）の方が親切に案内をしてくれた。よもや後に、横浜山手のイタリア山へ寄贈いただくための悪戦苦闘が始まるとは露知らず、わずか2年ばかりの短い期間でしたが、建築について、時間（歴史）と空間（まちづくり）と、私の大きな財産となりましたくの指南を仰ぎ、建築について、実践の場で多。

舞鶴赤れんがアートスクール構想の実現に向けて

馬場英男 NPO法人赤煉瓦倶楽部舞鶴理事

京都府舞鶴市の歴史的近代化資産の赤れんが倉庫群を保存・活用し、市民の憩いの場の創出と、交流人口の増大による地域経済の活性化を図るための、整備方針の策定や民間参入方法を検討するため、2007年在横浜市は「赤れんが倉庫群保存・検討委員会」を設置し委員長にご就任いただきました。翌年には、アーバンデザインと、「舞鶴赤れんがアートスクール構想」をまとめていただき、具体的な活用方策について提言していただきました。この構想・提言に基づき、舞鶴市は2009年末から周辺環境整備や赤れんが倉庫2棟の改修工事を積極的に進めています。共に参加した検討委員会での先生の情熱ある心温まるご指導は生涯忘れません。ご冥福をお祈りします。

北沢語録

（次々と近代建築が取り壊される横浜で、歴史を生かしたまちづくりに取り組んできた数年間をふりかえって）近代都市計画が限界にきている感がある。民間活力の導入などと、近代都市計画の基盤すらなくなる可能性があるときである。さらに混迷の都市を迎えるか、静的な都市計画をより市民の生活に即した動的なものに組み立て新しい都市像を見出せるかが問われている。「横浜馬車道・日本火災物語」「所報環文研　近代建築の保存と再生」（環境文化研究所、1988）

4 文化芸術創造都市

1 都市デザインから創造都市へ
横浜の創造都市は、北沢さんが発想し中心となって事業化を推進してきた。北沢さんは、都市の視覚的美しさとともに、都市における人間的価値やコミュニケーションの大切さを感じながらアーバンデザインを進めてきた中で、都市文化としての文化芸術の重要性を常に感じていたと思われる。

2 創造都市事業本部の立ち上げ
横浜市は、2004年（平成16年）より、事業本部を設置し都市政策として創造都市に取り組んできている。その社会背景としては、世の中は少子高齢化が進み、人口減少への時代へと突入しつつあり、日本は成長の時代から、縮退の時代へと都市を取り巻く環境が大きく変化しつつあったことがあげられる。
「文化芸術・観光振興による都心部活性化検討委員会（北沢猛委員長）」による「文化芸術創造都市-クリエイティブシティ・ヨコハマの実現に向けて（2004年）」の提言では、都市の活性化を図るため、文化芸術の創造性をまちづくりに生かすことで市民の活力を引き出し、都市の新しい魅力をつくりだし、産業を育むことを理念としている。さらに文化芸術創造都市を実現するため、「横浜の持てる力を生かすこと」、「質の高い魅力的な空間を整えること」、「芸術や創造的な活動を生み出すこ

と」、「市民や産業の新しい活動を起こすこと」を4つの方針とし、「アーティスト・クリエーターが住みたくなる創造環境の実現」「創造的産業クラスターの形成による経済活性化」「魅力ある地域資源の活用」「市民が主導する文化芸術創造都市づくり」という目標がかかげられた。また、具体的な手法としては「創造界隈の形成」「映像文化都市」「ナショナルアートパーク構想」「横浜トリエンナーレ」「創造の担い手育成」の5つのプロジェクトを中心に、クリエイティブシティを推進してきた。その提言の中で、北沢さんは次のように述べている。「横浜の新しい都市づくりは、市民生活の質を高めることを目標にしています。これは、市民の情感を動かす存在感ある都市、そして市民が精神的な充足を実感できる都市をめざすことです。そのためには、人々の想いや創意工夫、創造力が必要で、その結集によって始めて手にすることができるものです。」

北沢さんにとっての創造都市は、歴史的建造物などを市民の力で活用し、形態的にも魅力ある都市空間をつくり、インナーハーバー構想へとつながる一連のアーバンデザインの流れの中にあったのだろう。

秋元康幸｜横浜市 APEC・創造都市事業本部 創造都市推進部長

猛虎の夢を受け継いで

加藤種男｜（財）アサヒビール芸術文化財団

北沢猛教授に出会ったのは2002年の秋の初めであった。旧横浜銀行ビルの活用についてプレゼンを受けた。この日は、昼にドイツ大使館でベルリナー・アンサンブルの来日を記念したレセプションがあり、我ながら機嫌が良かったと思う。まだ残暑の残る夜で、文化三昧の人間には、建築物の活用というのは荷が重いとも感じられた。

このころは、美術家内藤礼の作品集の相談を受け、カナダの驚くべき劇作家ロベール・ルパージュについて原稿を書き、京都に足を運んで大覚寺に遊び、法然院でコンサートを聞き、マリンバ奏者にして時代の趣味の判者とでもいうべき通崎睦美の出版のアドバイスをするような毎日で、文字通り文化漬けで、建築の活用という話まではとても手が出そうになかったのである。

それでも、最初の出会いから10日ほどして2度目の呼び出しがあり、実際に横浜市の北仲地区を訪問した。北沢教授のせっかちな性格は初対面で十分わかったので、建物の図面だけしか見ていなかったが、活用のためのアイデアの概要をまとめ簡単な企画案は用意していった。北沢さんの案内で内装の工事中であった高層ビルから市中を見渡し、旧横浜銀行の建物も視察した。視察をしたときには、建物はほとんど修復の内装までが完成していて、これを活用するとして必要と思われた昇降バトンなど何もつけられる状態ではなく、特に窓ガラスが全て開閉しない羽目殺しになっているのが残念であった。かろうじて3階の天井板を張らないことで圧迫感をなくす努力が出来るくらいであった。

その後も北沢さんは精力的で、年内に「文化芸術・観光振興による都心部活性化検討委員会」なるものを立ちあげられ、その委員に加えていただいた。その間、私の方も北沢さんの短気な期待に応えるべく、建築家や都市計画の専門家、商店街に詳しい同僚などのアドバイスを受けながら、具体案をブラッシュアップして年内には具体的な活用案が委員会で提案される段階まで急ピッチで進んだ。こうして横浜においては歴史的建造物の活用について、文化による活用とNPOによる運営という二つの方向性が確立され、やがて旧横浜銀行の建物が「バンカート」として生まれ変わったのである。

文化芸術を中心として市民が主体的にかかわり都市の活性化を図っていくという方向性が確立したことで、これを「文化芸術創造都市横浜」という考え方にまとめ、その推進のために委員会も改組され、また横浜市にも関係局を横断する推進組織として「創造都市事業本部」ができた。

こうしたビジョン形成において常にリーダーシップを発揮したのが北沢教授だった。北沢さんの優れた点はいくつもあるが、特に明快なビジョン形成が得意であった。ビジョンを提示できれば、実現するための具体策はそれぞれの部署がつめて考えればいい、というまさにリーダーの天分を発揮した。その上で、私のように役所という魔界を知らず、よそ者として人脈もなければ土地勘もない人間の使い方もうまかった。狭い世界で貧相に固まるよりも、外からの眼も重要なのだと、かばい続けられた。私がしばしば失言を繰り返して顰蹙を買い、さらには役所や地元の反発を招いても、常にその調整に動いていただいた。それは、横浜を世界に通じる創造都市にしたいという信念とそのために汗を流すことをい

とわない情熱とがあったからだ。

そうした北沢教授は、なぜか私のようなものにまで力を発揮するチャンスを与え続けた。私にはたいした実績もないにもかかわらず、委員会にとどまることなくさらに横浜のために仕事をさせたいということで、2004年には横浜市芸術文化振興財団での仕事を与えられた。こうして、私はこの8年間北沢教授の助手のような役割を果たしてきたのだと言えば言えよう。

北沢さんには、横浜だけではなくいくつもの場面でアドバイスや協力をいただいた。アートNPOリンクが毎年開催している「アートNPOフォーラム」の淡路島大会に講演を依頼したこともあった。我々の抱えている課題が何かを一言二言お伝えするだけで、北沢さんは見事なスピーチをしてくれる。このときは地元市長の説得という課題が大きく前進した。逆に、北沢さんから命じられて取り組んだのが、舞鶴の赤煉瓦の活用である。また、アサヒビールの大山崎山荘美術館の拡充につ

いて、京都府との連携に尽力をしていただいた。まことにネットワークの幅が広い。

2009年秋、最後にお目にかかった時、自分が影響力を持っているのは後数か月だと言い、何としても創造都市の推進を継続するように念を押された。その時、私の気力の方が先に切れかかっているのを見抜いて、半ば憮然としつつも、珍しく細かい指示がいくつかあった。本町ビルシゴカイの一室で、北沢教授はいつものようにヘビースモーカーを貫き通して、最後に猛虎が笑ったような笑顔で私を送り出されたのであった。

文化芸術創造都市

北沢さんとの協働の思い出

小林克弘 | 首都大学東京 大学院都市環境科学研究科建築学域教授

北沢猛さんに初めて出会ったのは、横浜市都市デザイン室が、幾つかの大学の研究室の学生達と共に、市民ワークショップを実験的に行ってみようという企画を行ったときであった。私が、東京都立大学（現、首都大学東京）に着任して数年たった時で、1988年ころだったと思う。北沢さんは、その企画を進める中心的人物であった。最初に会った時、長い髪を後ろで束ねていて、話し方も妙に迫力があり、しかし、一方でとても親しみと面白さがあって、横浜市には、随分型破りな雰囲気をもった人物がいるものだなという印象を持った。話をしてみると、東京大学の卒業が同じ1977年で、私は建築、彼は都市工学で、「もしかするとキャンパスで出会っていたかもしれないな…」というような話題にもなった。横浜育ちの私は、当時東神奈川の近くに住んでいたので、お互いの自宅も結構近かった。

北沢さんとの親密な協働が始まるのは、1990年に開催されたバルセロナ＆ヨコハマ・シティ・クリエーション展の会場施設計画の際だった。1989年のある晩、電話をもらった。「今度、横浜市はバルセロナと共同で展覧会を行うのだが、全体のアドバイザーの磯崎新さんから、小林さんを推薦されたので、近々に相談にのってもらえないか」、という内容だった。早々に横浜市庁舎に行って、北沢さんから、展覧会の概要をうかがい、私たちは、すぐさま意気投合した。会場敷地は横浜美術館の真前で、予算的にも大変厳しいこともあり、横浜博に用いた既存のパビリオンも使うという前提であったが、北沢さんは、小規模な展示会ながらも、アーバン・デザイン的発想も入れた会場にしたいという強い希望をもっていた。私は、既存のフリースタンディング型の施設、要は、建築自体が目立つ施設ではなく、様々なスケールと形状をもった広場をテーマとした会場を提案した。その中に、巨大な赤い壁と5人の若手建築家がデザインする塔を空間的アクセントとして配置するというものがあった。最初、「巨大な赤い壁か…」と北沢さんは少々驚いた様子だった。調和のとれたアーバンデザインという視点からは、躊躇もあったのだろう。しかしすぐさま、「スペイン・バルセロナとの共催だし、面白いかも…」と変わった。柔軟な、また、前向きな発想ができる人だなと思った。厳しいスケジュールだったが、展覧会は無事成功し、今思い返すと、若さの故もあって、とても楽しい協働だった。

その後、記憶に強く残っているのは、1992年に開催された「ヨコハマ・アーバンリング」展（1992年2月28日 - 3月9日、東京・青山スパイラルガーデンにて展示）での協働ある。横浜港を取り巻く港湾地区の2050年の姿を、8人の建築家・芸術家が、青山スパイラルの1階奥の空間一杯に、巨大な模型と図面で、描くというもので、レム・コールハース、伊東豊雄、高松伸、葉祥栄さんなど、錚々たる建築家に交じって、私も新港ふ頭地区全体の提案を行わせていただいた。そもそも、こうした横浜港を取り巻く港湾地区の将来像を描いてみようという壮大な企画自体、北沢さんと私とあと数名の方がいた場で、できあがったものであった。計画が現実的かどうかと聞かれれば疑問も残るが、発想、企画、プレゼンテーション共に、面白い展示会だった。北沢さんもこの「ヨコハマ・アーバンリング」を相当気に入っていたと見えて、その写真は、東京大学に移られてからも北沢さんご自身のHPの表紙に大きく使用されていた。

1991年の東京都立大学の多摩ニュータウン南大沢への移転に伴い、私も横浜を離れたこともあり、90年代初頭のように、密接にプロジェクトをご一緒する機会は減った。北沢さんが1997年に東京大学都市工学科に戻られた後も、学会の委員会などでお会いする機会はあったものの、残念ながら一緒に仕事をする機会はなかった。しかし、私の研究室出身の佐々木龍郎さんは、研究室時代に携わった先述の横浜のプロジェクトを通じて北沢さんに大変見込まれ、その後も、北沢さんと海外プロジェクトをご一緒したり、都市工学科で一緒に学生指導を務めさせていただいたりした。佐々木さんと会う際には、北沢さんの相変わらずの猛烈な仕事ぶりの話で大いに盛り上がったものである。逆に、北沢さんが指導された教え子のお一人、鳥海基樹さんは現在首都大学東京にて、私とご一緒していただいている。

北沢猛さんは、本当に、大人（たいじん）であった。アーバンデザイナーとしての使命感・情熱、その仕事の質と量は、超人的であり、一方で、気配り、やさしさ、愛情といった側面でも、並はずれていた。本当に残念なのは、彼が、愛した横浜の2050年を見ることが叶わなかったことである。その時、私たちは、95歳になっており、横浜のどこかで「あの時のアーバンリングでは‥」などという会話が交わせたら、なんと素晴らしかったことだっただろうか。

ヨコハマ・アーバンリング模型　撮影:淺川 敏

文化芸術創造都市　49

北沢さんへの300字メッセージ

文化芸術創造都市

象の鼻パーク／テラスと創造界隈
小泉雅生 首都大学東京／小泉アトリエ 建築家

北沢先生には象の鼻地区再整備のデザイン調整委員会で様々な形でお世話になりました。時には叱咤され、時には慰められ、おかげさまで2009年6月に無事オープンすることができました。北沢先生の積年の思いが込められたプロジェクトだったと思います。その思いに十分応えられたのかどうか、一度ゆっくりとお話をしたかったのですが、かなわぬこととなりました。現在、私たちは横浜の街の中で設計／創作活動を続けています。北沢さんのもう一つの構想であるクリエイティブシティ、創造界隈がどのように形作られていくのか、街の中から見届けていきたいと思っています。

先生、ありがとう
平井朝子 スルガ銀行 d-labo（東京大学都市デザイン研究室 2003年修士課程修了）

大学院時代、都市とアートについて研究しようとしていた私は、北沢先生の「ちょうどいい、横浜でアートイベントやるんだよ」の一言で、「街頭藝術横濱」のボランティアスタッフとなり、山手総研に送り込まれました。先生に与えて頂いた経験は私の現場感覚の原点となり、先生のもとで学んだ時間は私の都市像を強固にし、先生からの言葉は私の自信の源となった。一人一人の夢や感性や才能が刺激され開放され見出される、開花し、交わって、文化が醸成する。そんな都市ができたらいいなと思っていた自分こそが、先生の「創造都市」の一部に組み込まれていた。先生の愉快な思い出と消化しきれない程の感謝を胸に、沢山の愉快な思い出と消化しきれない程の感謝を胸に、未熟だが自分なりの形で一端を担いたい。

感謝のうちに
北村圭一 鶴見区副区長

北沢さんとは1977年田村建設監時代に採用された同期生。彼がUD室、私が港湾局で、金沢地先の市営住宅と隣接公園とを空間的に合体し、野外劇場風に作ろうと画策していた一緒に取り組んだ最初の仕事。この10年では「戸塚駅西口再開発事業」のリセット、「クリエイティブシティ・ヨコハマ」の展開、「象の鼻パーク」整備等々、どれも一筋縄ではいかない取組みでしたが、北沢さんの先見性と企画力、そしてなによりも行政プランとして推進させるパワーは卓越しており、前線で対処する私達の原動力でした。「都市臨海部・インナーハーバー整備構想」は50年後の横浜の姿を描くもので、昨年9月「横浜クリエイティブシティ国際会議2009」で本構想を紹介直後、急激に体調を崩されてしまいました。最後の仕事になってしまったのですね。横浜をこよなく愛し、まちづくりに取り組まれた北沢さんに感謝！

構想（夢）と実践（仕事）
池田修 BankART1929 代表

北沢さんは何をみていただろうか？なぜ創造都市だったのか？誤解を恐れずにいうと、横浜は150年前、国が開港を決めたゲームのような街だ。戦後、横浜は志をもった都市へと脱皮を図る。国とどう関わるか、どのように自立するか？北沢さんは、横浜と国との関係を最後までこだわっていたように思う。創造都市構想の4つのベクトルは、北沢さんの複雑で明晰な頭脳を表象している。アーバンデザイナーとしての街に対する意志、まちづくりにおける子細なリアリティーのある感覚、アートある理解、レイヤーやクラウドのような実体の伴わない構造への深い理解、レイヤーやクラウドのような実体の伴わない構造への深い理解、しかもそれらを、強いけれどしなやかな都市空間の構築を目指していたように思う。常に鳥の眼と虫の眼をもちながら、構想（夢）と実践（仕事）を往来していた北沢さんは、今でも僕たちの背中を遠くから押してくれている。

北沢語録

「横浜の新しい都市づくりは、市民生活の質を高めることを目標にしています。これは、市民の情操を動かす存在感ある都市、そして市民が精神的な充足を実感できる都市をめざすことです。そのためには、人々の想いや創意工夫、創造力が必要で、その結集によって初めて手にすることができるものです。」『文化芸術創造都市−クリエイティブシティ・ヨコハマの形成に向けた提言』（2004）

横浜の再生には港などの空間的資源によることも大きいのですが、それ以上に人的資源であると考えるようになりました。非成長時代は、都市資源や地域資源を見直すことが重要です。空間資源、時間資源、そして人的資源、特に人的資源が横浜には重要で、創造的な人材が育ち集まり、企業や行政、地域、大学とうまく協働できれば、新しい芸術文化や産業、生活が生まれると確信しています。『都市資源を活かす空間構想』『アーバンストックの持続再生−東京大学講義ノート−』（2007）

北沢さんという現実が実現したもの

中田宏　前横浜市長

北沢さんは、アーバンデザイナーであり建築家であり学者であり行政マンだった。それは、理想の中に理論を打ち立て、現実の中に絵を描き、時間の中に議論を成立させたということだ。全ての施設やサービスには、それぞれの必要性が個の単位ではなく、全体を包含する価値観があるべきと思った。「横浜の歴史と文化にこだわった『らしさ』のあるハード&ソフトの整備をしたい」、そんな私の呟きを「創造都市」という論で提示し具現化したのは、全て北沢さんの功績だった。BankART1929から始まり、初黄地区で中押しし、我々に「近々送るよ」と言ってたメールがやがて天から届くのを待っている。

「創造都市の門戸」を開いて下さった北沢先生

吉本光宏　（株）ニッセイ基礎研究所 芸術文化プロジェクト室長（創造都市横浜推進委員会委員長）

私に「創造都市の門戸」を開いて下さったのは、北沢先生であった。2003年、アムステルダムで国際交流基金の派遣でナント、ビルバオを視察後、国際会議の日程が合わず、私に回ってきたのである。欧州で創造都市の実践と先端的な議論に参加できたことが、現在の私の創造都市に対する原点となっている。この欧州訪問での様々な出会いは、今から思えば、この経験は北沢先生からのプレゼントだったと、そんな気がするのである。北沢先生からは知恵、アイディアに加え、都市づくりへの姿勢と熱意を学ばせていただいた。横浜市の創造都市の委員会は北沢先生が座長を務められてきたが、今は若輩者の私が委員長を拝命している。これもまた、北沢先生が私に与えて下さったチャンスかもしれないが、同時にその重責に身の引き締まる思いがしている。

若林朋子　社団法人企業メセナ協議会

北沢先生には「創造都市横浜推進委員会」でお世話になりました。大きな会議のリーダー役、若輩委員の私にも「いかがですか？」と毎度意見を聞いてくださるご配慮にありがたい気持ちでしっかり答えなければという緊張感でいっぱいだったのを思い出します。いつも仰ぎ見ていた北沢先生に、ある時、企業メセナ協議会の「ニュー・コンパクト」という政策提言をおずおずとお渡ししたことがありました。「もう読みましたよ。よくわからなかったけどね！」とのお返事。こんな気さくなご対応に感謝しきりでした。まだまだ教えていただきたいことが山ほどありました。これからもわれわれを見守っていらっしゃると思います。

アートによる街づくりへ

南條史生　森美術館館長

北沢さんとはいくつかの企画をやったが、最も重要なのは横浜港のウォーターフロントをテーマに、レム・クールハースやダニエル・ビュラン、シア・アルマジャーニ、葉祥栄などに「ヨコハマ・アーバンリング展」という都市デザインのアイデア・コンペだった。都市計画は、最も巨大なコンセプチュアル・アートだが、それはまたヒューマンで柔軟なアートと言うソフト産業をも抱え込んでいなければいけないという思いが、北氏にはあったのだろう。当時、髪の毛が肩まで長かった彼は、アートによる街づくりを一番進んでいる街といえる。その方向性を決めたのは、彼が担当だったのではないか。今横浜は、アートによる街づくりをしながら、創造都市・第2ステージを発展させていきたいと思います。

北川フラム　アートフロントギャラリー会長

地球、人類が初めての踏分道を迎えている現在、20世紀がもっていた都市の可能性に翳りが見えてきた。そんな時、横浜に拠って北沢さんは戦線に突破口を開け続けているように見えた。次々に打ち出される施策はびっくりするほど賢くて、斬新だった。実際、横浜は日本だけでなく、世界の都市を引っ張っていた。僕たちは多くの刺激を受け、鼓吹され続けてきた。時々壇上でお会いする時に、あたたかく僕たちの田舎での試みを応援してくれていた。しかし社会の変革は厳しく、やることは無限にある。お疲れ様でした。安らかにお休みください。一人の実践的都市計画家に、氏を支えた方々に花を捧げます。合掌

アーバンデザインを超えたアーバンデザイナーへ

髙橋和也　横浜市APEC・創造都市事業本部長

北沢さんが都市デザイン室長を辞して新天地を目指す送別パーティにご招待いただき、「都市デザイン室長は横浜市の大スター！これからも輝いてください」とご挨拶したことを今でも覚えています。その後は、いわゆるアーバンデザインを超えた、多様かつ戦略的な活躍ぶりで、横浜の輝ける都市づくりの系譜に、「創造都市」を導入したことも、その大きな業績の一つだと思います。私は、今年から、次の5年を見据えた「創造都市」を担当することとなり、大きな責任とやりがいを感じています。北沢さんの大きな想いを感じながら、また、心の対話を巡り合わせとなり、しながら、創造都市・第2ステージを発展させていきたいと思います。

細淵太麻紀 BankART1929

私にとってUDSYは、新しい合意形成と公共理念の創出の現場として本当に貴重な経験でした。また、「未来社会の設計」の入稿直前、深夜まで校正やレイアウトの直しを根気強くおこなう北沢さんの姿からは、アウトプットへの真摯さと情熱をひしひしと感じました。強いけれどひきのある視線を持ち、実行力があり、発言に対する説得力とバランス感覚を持ち、私のような年下のものにも気さくに声を掛けてくださる北沢さんが、BankARTの活動を叱咤激励する役割をしていつも、横浜市、私たち運営者、推進委員会の三位一体性を挙げますが、この委員会が、機能したのも、北沢さんが大きく影響されていたと思います。公平できちんとした態度で見て下さっている視線がある、ということは、どんなに大変でも、くじけずにがんばってこれた理由でもあります。

今、自分に出来ること。
杉崎栄介 公益財団法人 横浜市芸術文化振興財団

非拡大成長の時代が、私にいかに緩やかに後退するかという否定的な幻想を抱かせます。しかし、北沢先生は、常に理想を目指すための現実について、希望を持って語られていました。とある打ち合わせで、「今以上の努力をなくして、50年後の未来はやってこない。それを都市に住む人に伝えたい!」と先生がお話されました。あたり前の話かもしれませんが、自分に深く響いた言葉でした。決して時代を言い訳にしない仕事をする中で、変化を待つのではなく、変化を作る側に回る。現在、日本、横浜の文化政策は、大切な時期を迎えています。新しい公共のあり方を実践されていた先生の御意志を重く受け止めます。

北沢さんへの感謝と北沢さんが残したかったこと
梶山祐実 横浜市APEC・創造都市事業本部 創造都市推進課

北沢さんは私にとって目指すべき憧れの人であり、「クリエイティブシティ・ヨコハマ」で4年目の若造、都市デザイン室環境設計(土屋さん)でアルバイトをしていた時に、本当にうれしく思っていますし、今後横浜で仕事を続けていく上での大きな財産になりました。と同時に、この先一緒にこの事業を進めていくことが出来ない無念さを痛感しています。ここ数年、北沢さんはかなり幅広に色々な事業に手を出していた気がします、恐らく北沢さんは、自分がいなくなった後に、様々な活動が続く下地を作っておきたかったのではないかと思います。そして今まさにそれが様々な箇所で実現されており、私もその活動体の一員であり続けていきたいと思います。それが北沢さんの残したかったことではないでしょうか。

北澤さんやすらかに
櫻井淳

初めて会ったのが、彼がまだ東京大学の都市工の4年生、都市環境(曽根さん)で4年目の若造、都市デザインの議論をした、元気のいい東大生の印象だった。彼が横浜市役所に行って、だいぶたってから、私の青山の事務所近くでばったり会った。横浜の仕事と彼との付き合いが始まった。「中区の魅力作り」が最初で、その後縁で、横浜の都心部に係わることになる。97年からの中心市街地活性化基本計画のかかわりも横浜市に深くかかわり、その後彼は東大に、その間、都市デザインフォーラム、元町のプロジェクト、創造都市の仕掛けなど、よく明け方まで飲んだ。あの集中力とデザインに対する粘り腰は凄い。そしてよく徹夜をさせられました。本当に色々教えて頂いた。ありがとうございました。

アーバン・カフェ
ロコ・サトシ

88年の夏、馬車道、日本火災ビル改修工事のフェンスアートを制作した。地上8メートル程ある。舗道にはたくさんの人がロコが描く強いラインに太陽に照らされた強烈なペイントに驚きながら往来している。北沢氏に依頼されたうれしい仕事ではあるが、その歴史のある石造りの建物を自分のアートで囲むのに戸惑っていた。日本中から熟練した石職人が集まっているらしい。出来上がったアートを前に、北沢氏が「本当のアーバンデザインは、その街の中で生まれ、息づく事だよ」と励ました。緊張が解れた。一緒に飲んだコーヒーがたまらなく美味しかった。その後も、横浜、バルセロナなど様々なイベントで影になり表になりの応援は決して忘れられない。

北沢さんのこと

飯田善彦　横浜国大大学院Y-GSA教授　飯田善彦建築工房代表

僕が横浜に事務所を移すことになったとき、つくったのは北沢さんだった。もうずいぶん以前になるが、県警の敷地に建っていた三菱倉庫を取り壊す際アートイベントがあった。その頃好きだった建築家を取り壊す際アートイベントがあった。その頃好何日か通った時紹介されたのが確か北沢さんだったとあるごとに、横浜で仕事をしたいのなら横浜に事務所がないとね、と冗談めいて言われ、何となく意固地に抵抗していた。が、たまたま縁があって大津ビルに事務所をその後横浜市の仕事をするようになってから北沢さんに会うと、あんなに嫌がっていたのに、と随分冷やかされた。それからもう12年が過ぎたことになるが、なんだかいつも助けられていたように思う。北沢さんは何かとても大きな魂を持ったひとだった。今でも笑顔でひょいと現れそうな、いなくなったことがどうも実感できないでいる。

阿部剛士　大成建設（株）横浜支店建築部技術室課長、東海大学工学部建築学科　非常勤講師、美術家

先生の天才ぶりを目の当たりにしたのは、2007年5月6日 BankART 1929 Yokohama での地震 EXPO フォーラム クリエイティブシティと防災都市。名だたる美術家、アートプロデューサー、大学教授、行政のプロが、各自の知識とスタンスで「太く、深く、スリリングした」発言の糸を、司会の先生は、3時間の美しいオペラを観たように思わず失礼な質問したほどだ。「これって、台本ありますよね？」と、主催者に思わず失礼な質問したほどだ。黒の革ジャケットの背中を追いかけ、やっと天才とお話が出来ると思っていたのに。

弁当箱

中川憲造　グラフィックデザイナー

通称「弁当箱」と呼ばれた100枚のカードを収めた小箱。98年開催の都市デザインフォーラムで使われた会議資料、まちづくりの100の提案カード」のことだ。このカードNo.001は北沢さんのディレクションで描かれた「歴史／関内の成り立ち」から始まる。1854年のペリー来航時の横浜村、居留地の大火、関東大震災、横浜大空襲を経て見事に再生していく都市横浜を水彩画で鳥瞰した5図から成る。会議参加者たちといっしょに生み出された「まちづくりアイデア100の提案カード」は、北沢さんのお気に入りで、その後北沢さんの都市デザイン講義の「教科書」の1つとなったと聞く。2006年には、「101の提案カード」として改訂出版された。「弁当箱」と呼んでいたのは、北沢さんだったと思う。列島の北から南から、まちづくりの「バイブル」のように、これからも「弁当箱」はきっと使われ続けるに違いない。

北沢猛弘さんを偲ぶ

加賀山弘　（株）ベネッセホールディングス

北沢さんと初めてお会いしたのは横浜市主催の会議の場だと思います。ただ、その時は余り話す時間もなく、2007年の日本ツーリズム産業団体連合会主催のシンポジウムで同席する機会があり、その控室での雑談が最初だったと思います。その後、北沢さんが関わっておられるある地域の振興についての連絡をいただき、数度のやりとりがあった程度です。そういった意味で、北沢さんについて語れる資格があるとは思いませんが、研究者或いは地域づくりの専門家というより、佇まいの穏やかなお人柄が印象に残っています。今回の急な訃報に接しただただ驚くばかりです。ここに謹んでご冥福をお祈り申し上げます。

文化芸術創造都市も地場産業化しないとダメですかね？

佐藤賢一　なりわい文化都市研究室代表

97年、千代田区の公社から中神田五町目地区計画制度の適用を含めて、千代田区型地区計画制度の適用を含め、SOHOに着目し、区の小藤田正夫さんと一緒に看板建築をシーズペットにコンバージョンする提案を行っていた。北沢さんとの再会はその頃、小藤田さんに北沢さんをご紹介し、公社の「学遊塾」に講師として招いた。それを契機に、当時東大助教授の北沢さんは、学生たちの演習で神田多町のSOHOまちづくりをスタディした。いつだったか、「お前、『まち管理』なんて難しいと考えてんだなぁ」と言われ、横浜SOHO会議が開催された。彼はSOHOまち管理で都市内産業をどう勃興させるかを考えていた筈だ。残念ながら横浜・創造都市にはそれがない。文化芸術もお金が地域を循環しないと（具体的には現代アートマーケットの形成）根付かないのではないか、と危惧している。

河本一満　横浜市都市整備局

横浜寿町は不思議な町だ。何故か、人を引き付ける。何か自分にできることはないか。できることをやってみたくなる。そんな人たちが集まって、寿オルタナティブ・ネットワークという団体が生まれた。アートプロジェクト「KOTOBUKIクリエイティブ・アクション」をはじめとして、文化芸術や創造的活動により町を活性化することを目指して、活動拠点や様々な催しなどの場づくり、ネットワーキング活動などを行っている。新しいプロジェクトは様々な出会いから生まれてくる。「つながり」を大切にしながら、寿町に暮らす人々とともに自分も何かやっていくことを楽しんでいきたい。北沢さんに自分も何かやってみろ。」次は、「ずっと続けること」。」と言われ刺激を受けたことを思い出す。だろう。

5 魅力ある空間デザイン

　北沢さんの都市デザイナーとしての軌跡を、大学移籍後の各地の活動も包摂してだんだん太くなる骨太な一本の直線として表現してみたい。
(1) 都市デザイン室での1965年の都市構想の具現化
　北沢さんの都市デザインは、「横浜の都市づくり構想（1965）」の具現化を図る数々のプロジェクトに関わることから始まった。
　その中で「港町横浜の都市形成史」は、北沢さんが都市デザイナーとしての方向性を決定づける大きな契機になった。「都市資源」を再生する「空間計画」に大きな関心を持った彼は、日本火災横浜ビル（現日本興亜馬車道ビル）の保存、エリスマン邸の再生などを始めとする計画や事業を進め、その後の都市デザインの有効な手法となった「歴史を生かしたまちづくり」の政策体系を生み出したのである。
(2) アーバンデザインマネジメントへの着目
　「横浜都市デザインフォーラム（1992、1998）」以降、ウエイミング・ルー（セントポール市ロウアータウン再開発公社理事長）等アメリカの都市デザイナーとの交流を通して都市デザインについての考えを深め、関係者の合意に基づく原則・基準のもとでの協同作業による柔軟で包括的な計画プロセスという「アーバンデザインマネジメント」に着目したのであった。

横浜市都市美対策審議会で北仲地区再開発のデザインレビューを主導する中で、「デザインマネジメント」の定着を図ろうと病魔を冒して努めた姿を今も思い出す。

(3) 横浜の新しい都市構想の提案・策定

横浜は時代の要請を受けて、これまで概ね50年毎に、都市構想を練り実践してきた都市である、そして、横浜の都市構想と実態は、まさに日本の近代史を著しており先導する存在であった、と彼は分析し、日本が経験したことの無い成熟・縮退社会における新しい都市構想の方法論・手法を提示しようとした。京浜臨海部再生構想、文化芸術創造都市構想、インナーハーバー構想には、多様な主体や価値観、活動と空間を再統合していくダイナミックな都市デザイン思想が込められている。また、UDCYなどの活動も、都市を再編する主体として実際に生活し活動する個人や企業が連携して新しい公共体の形を探る試みのひとつであった。

「既成の概念に囚われずに新しい発想で都市の特質と資源を活かし、生活から自治のシステムまで広く再編していくこと」、これが北沢さんが一生を通じてブレること無く追求し、変革の時代に生きる我々に示した都市デザイン像だと思う。

菅 孝能｜山手総合計画研究所

北沢君を偲ぶ

土田 旭 | 都市環境研究所代表所員（会長）

北沢君が柏キャンパスにいってから、1、2度しか会っていない。という訳で、彼の訃報をきいた時はまったく驚いた。われわれの事務所（URDI）の作山ほかが柏の仕事をしていて、時折、北沢さんがこう言っていたとか、横浜の仕事はどうだとか、メッセージ込みの話を聞いていたが、あまり深く考えることはなかった。われわれが都市環境デザイン会議（JUDI）を、80年代後半になるが、立上げたとき彼や彼の仲間に声をかけたが、年代的に利あらずと読んだのか、仲間うちと青雲の志を抱いていたのか、参加しようとしなかった。とはいえ、彼や彼の仲間たちとはURDIのスタッフであった筏をはじめ何人かとよく知っていたし、彼らの"同人誌"はよく届けてくれていた。それによれば彼らは自分たちのグループをアーバンデザイン研究体と称していたようだが、アーバンデザイン研究体を名乗るのであれば、第三次か第四次といった冠をつけるべきだと言ったのだが、そうすることもなかった。実は、第二次というのは、「日本の都市空間」の研究・作業グループであり、第一次というのは「現代の都市デザイン」特集をまとめた作業グループである。60年代前半に伊藤ていじ、磯崎新、川上秀光をはじめ高山研、丹下研の大学院の連中で、上記の作業を中心に集まった仲間であり別に固定したメンバーではなかった。第三次は、もしかすると伊藤ていじさんを中心に「日本の広場論」をまとめていた連中がそう称していたかもしれない。ということは、このあと第五次アーバンデザイン研究体の名の下に新しいグループの活動がされることが期待できると考えてもよいだろうか。

ところで、北沢君が横浜市にいる頃、仕事というよりも、アーバンデザインをめぐって意見交換をするために都市デザイン室にちょくちょく顔を出したものだった。私の悪い癖だが、他人のスタディ模型やスケッチがあるとつい質問をしたり、意見がいいたくなる。開港広場（というよりも交叉点及びその周辺）やMM21の土地利用についてもいろいろ言いたいことをいったものだ。その時、岩﨑さんもいたと思うが、彼は山下公園通りの建築誘導（公開空地の連続）に取り組んでいた。裁判沙汰になる、ならないといった事件もあったように思う。また、田村さんの局長室をのぞいて、彼がいるといろいろ話を聞かせてもらったこともある。折角だからと昼食時に蕎麦屋まで出かけて、アーバンデザインについていろいろ聞かせてもらったこともある。ここでコタエたのは、「僕がアーバンデザインを主軸にやっているのは、君たちがいろいろ主張していることをもっともだと思ったからやっているのであって、もっといろいろ意見をいって欲しい」と言われたことである。これはうっかりしたことはいえないし、思ったことはちゃんと言わなければとも思った。

北沢君からの相談の中には、都心部から少し領域を広げたいということがあった。彼は金沢の埋立地の住宅地のデザインをマネージメントしていたこともあってか、将来モノレールが平潟湾から京急の金沢八景駅まで通る計画があるので、金沢八景平潟湾周辺地区の都市デザイン基本調査2をやろうということになった。これはその前年（'79）に行った都市デザイン基本調査1（景観デザイン）についで行ったものである。何日かかけて丹念に地区を歩いたが、泥牛庵から眺望させて欲しいと言ったとき、和尚から喝をくらったこと

と、別のとき丁度その対岸にあるマンションの住民から、景観上モノレールを反対されたときの応答をしなければならなかったことを覚えている。泥牛庵の和尚からは「田村のせいで金沢沖を埋立てられ、挙げ句モノレールを通すなどもってのほかで、それやこれやで、みっともないマンションを対岸につくられて、それを放置するとは何事か」という趣旨の意見であった。北沢君は「あれは田村さんの仕事ではなくて、鳴海さんの仕事だ」とかムニャムニャ言っていたが、答えになっていない。マンションの住民からの意見ももっともな点はあるが、和尚の言う通りで、集会のとき「モノレールと貴女の住んでおられるマンションの景観を比較すると、マンションの方がマイナスが大きい」と、これはこれで土田は正論を述べることになった。この住民は東大の建築の先生のご親族だったようだ。

都市デザイン基本調査3のあとに来たのが「都市デザイン白書」づくりであった。どうも北沢君だけでなくもっと上層部も含めた構想だったようだ。実は78年に飛鳥田市長は社会党の党首になり、横浜市長を辞任していた。その後細郷市長に代ったが、田村さんは市を去られ、あらためて過去をふり返り、今後の方針を明確にしようとしたのだと思う。81年に私に相談があり、「横浜市都市デザイン基本調査」と題して、これからの都市デザイン行政をいかに進めるかに関し、市民や学識経験者に意見を求めつつ、客観的評価、問題点、今後取り組むべき課題等を検討し、提言するというものである。どのような調査体制を組むかの協議も行い、結局、建設省課長、横浜市各部長、市民代表、専門家とで構成することになった。ワーキング委員会の長に、彼の先生であった東大の渡辺定夫さんになってもらい、委員会の委員長に日笠さん、以下学識経験者、市の関係部長らの意見を伺いつつ進めることになった。土田、筏（URDI）、北沢、田口（市）が中心になり、80年春は報告書をまとめられ、これをベースにあらためて『横浜市都市デザイン白書1983 -魅力ある都市（まち）へ』として出版することになったが、ライターとして高橋徹、ブックデザイナーとして町口忠、写真田村彰英ほかに協力してもらった。足かけ3年になるが、1989に増補を行うなど、細郷市長の都市づくり路線としても広く認知されたといえる。

北沢君はその後も、例えば国際シンポ等のプロデュースなども行っているが、私が密度のあるつき合いをしたのはこの辺りまでである。

同志を失った悲しみ

卯月盛夫 | 早稲田大学教授

昨年の12月23日（祝）、たまたま早稲田大学芸術学校都市デザイン科のシンポジウムと同窓会が予定されていたため、自宅から最寄りの等々力駅へ向かって歩いていた。すると突然、国吉さんから携帯に電話があった。「昨日、北沢先生が亡くなった！」という言葉であったと思うが、全く聞き取れない、いや理解できなかった。なんども何度も聞き返し、確認をした。以前に体調が悪いとは何回か聞いていたが、まさかそれほどの状況とは想像していなかった。歩きながら、理由はよくわからないが、とても悲しくなってきた。その悲しさや辛さは今でも変わらないが、落ちついて考えてみると、それは「同志を失った悲しみ」なのかもしれない。

実は、私は北沢さんと同じ年齢である。また横浜市と世田谷区と自治体は異なるが、同時代にそれぞれの都市デザイン室に在籍していた。もちろん横浜市の都市デザイン室の方が10年ほど早くに設立された大先輩であるが、当時の横の繋がりはかなり緊密であった。その後、私は世田谷区を辞めて母校早稲田大学に赴任したが、なんとその翌年北沢さんも母校の東京大学に赴任した。自治体の現場で都市デザインを進めてきた私達ふたりに、奇しくも同じように大学から声が掛かった。都市デザインは、自治体の現場で生まれ育ち、そしてその知恵は大学に移転されたのである。北沢さんは、その事をどう思っていたのか今ではわからないが、私は、同じ志を持って自

治体と大学に籍を置いた同志だと思っていた。

同志といっても、職場は違っていたので、それほど一緒にした仕事は多くはないが、せっかくの機会なので、記憶を頼って彼の人となりを少し紹介してみたい。1998年から2003年まで、「千代田区まちづくりサポート」の審査委員をいっしょに務めた。今でこそ、まちづくり基金などの公開審査会は珍しくはないが、当時はまだそれほど普及していなかった。ある年、神田のお蕎麦屋さんの若手グループが応募してきた。お蕎麦屋を活性化したいということであったが、企画内容は今ひとつはっきりしない。一方、アーチストのグループも区内にアート作品を置きたいと応募して来たが、場所のもくろみは全くなかった。どちらの応募案もそのままでは残念ながら落選であるが、北沢さんは「このふたつを組み合わせて、お蕎麦屋にアート作品を置いたら！」と提案した。実は私も、それから同じ審査委員の森まゆみさんも同様のことを考えていたので、即合格となり、名称もSOBARTと決まった。北沢さんのこの勘の鋭さとすばやい判断力はピカイチであったと思う。

2001年から2006年まで、財団法人地域活性化センターの「全国地域リーダー養成塾」の主任講師をいっしょに務めた。これは全国の市町村やNPO団体から30数名の地域リーダー候補生が、月に1回1年間東京に集結し、各講師から少人数のゼミ方式で学ぶものであり、これまでの卒業生から多くの市町村長も誕生している、かなりユニークな人材養成塾である。北沢ゼミは、その中でも大変人気のあるゼミで、フィールドワークを重視しながら、さらに東京大学にも塾生を連れて指導にあたっていたようである。もちろん夜は、ワインを片手に語っていたと思われるが、極めて人間味あふれるゼミであったと聞いている。

それから、2004年以降「横浜市都市美対策審議会」と「同景観審査部会」で北沢さんとご一緒させていただいた。これらの会議は、横浜市都市デザイン室が事務局を務めるだけあって、極めてレベルの高い議論をするためのメンバー構成や資料、模型等の準備が整っている。北沢さんは、地域のフィールドをよく知っているため、発言は極めて詳細で、かつ厳しい内容が多かったと記憶している。それにつられて、私もついつい厳しい発言をしてしまうが、景観やデザインについて、これほどまで詳細に真剣に議論している日本の自治体の審議会の現場を私は知らない。北沢さんと同席したことによって、私は大変勉強になった。このような運営や議論の習慣は、たぶん北沢さんが都市デザイン室長の時代から培って来た横浜市の長い伝統なのではないかと想像できる。大変うらやましい。

さて、北沢さんが横浜、東大、さらに全国各地に蒔いた都市デザインの種は様々な土壌の中で、芽を出し、個性的な花を咲かせていると思われる。田村明さん、北沢猛さんが相次いで亡くなられたが、日本の都市デザインの系譜がこれで途切れることがないように次世代にきちんとつなげていきたい、と私は考えている。

幸福度という指標を、空間モデル化する

窪田亜矢 | 東京大学都市工学科准教授

　北沢先生の都市への思想の土台は、そこにいる人間が幸せでいて欲しい、幸せであるために都市は貢献しよう、ということだと考えている。しばしば北沢先生はブータン王国での集落調査のときの実感をふまえたうえで、ブータン王国の国家目標である「国民総幸福 Gross National Happiness」に触れられていらっしゃる。

　「時間をかけて発展しながらも自然と農、文化や芸能そして仏教の教えが支える開放的な共同体はしっかりと持続している。幸福のエンジンは生活を楽しむ村人や子供たちの姿である。2005年のブータン初の国勢調査で、「幸せか」の問いに9割以上が幸せと答えたのは、興味深い」と記されている（『未来社会の設計』16p）。

　どのような状態を幸せと感じるのかは、もちろん千差万別であるし、都市デザイナーが勝手に決めるべきではない。しかし、普遍的に確からしいことはある。「生活水準が一定レベルに達すると生活の質に関心が移る。非成長社会あるいは成熟社会では、友人や地域などの人間関係や働くことから得られる喜び、自然や文化を楽しむことが意味を持つ」し、「信頼が高い都市や地域ほど幸福度が高い」（同）。2010年4月、日本でも幸福度調査が行われた。15歳から80歳を対象にした調査2900人の答えは6.5点で、11年前の調査6.3点とほぼ同じ、2008年EU諸国の結果6.9点よりやや低めといったところだ。この結果をふまえて、どのような政策が展開されるのかが、政治家としての鳩山首相や民主党に、期待していたというのが当時の日本社会であったのだろう。

　北沢先生がおっしゃっていたのは指標はあくまでも指標だということだ。つまり幸福とは最重要な価値であるからこそ、総合的な意味での指標とすることには意味があるが、それがすぐさま具体的な都市デザインにはつながらない。既述の引用のように、信頼度の高さが幸福度の一つの要素であるなら、北沢先生ほど他人との間に信頼関係を築いた方はいらっしゃらないだろう。しかしそういう個人の資質を述べたいのではなく、都市デザイナーであるなら、それを空間モデル化しろ、ということだと私は理解している。

　規模の異なる都市を選んで深くコミットするのだ、というお話を伺ったことがある。そしてその通りにされていらした（大都市地域、地方都市地域、農村地域）が、空間モデル化をふまえた選択だ。空間モデル化は、あくまでも実際の都市や地域があり、調査や提案の繰り返しの果てにモデルとなりうる本質が見えてくる。モデル「化」という順序が重要だ。机上での検討や単なる地図上での単純な比較などから抽出した概念を空間モデルと勘違いしてはならない。そんなものは役立たない。少なくとも数年単位で都市や地域とつきあうと、都市の形成過程が現在にどのようにつながっているのか、日々のまちがどのように動いているのか、まちの風景に人々が託している想いは何か、人々の間にあるつながりが成立している背景は何か、そのまちの政治システムはどのように機能しているのか、といったことがわかってくる。私自身がどこまでわかっているかは別として、北沢先生はじっくりそうやって地域とつきあいながら、具体的な提案を示しつつ、首長に対して決断を求める迫力で都市デザイナーの意義を明らかにされていた。住民の多数決でしかものごとが決まらないようなまちづくりに陥ることなく、

ブータン集落調査

環境空間計画を実現するためのまちづくりを都市デザイナーがひっぱっていけ、と、それを自ら体現されていらした。

そこまでやったうえで創造したモデルには、システムが適用できるとおっしゃっていたと考えている。システムとは、社会的共通資本も含むインフラストラクチャーではないか。都市に必要とされるインフラストラクチャーは、通常、制度によって普及していく。だからそれを間違えると大きな損失になる。逆に、地球的な問題を解決できるインフラストラクチャーが創造できれば非常に有効となる。ゆえに正しい空間モデルが必要となるのだ。

また空間モデルとすることによって、自らの地域や都市が理解しやすくなるという効果もある。それぞれがばらばらに見えていた集落を、それらの間にありうるつながりも含めた空間モデルとして表現した結果、もうそのような地域圏としてしか捉えられなくなることもある。そうした共通理解が次のまちづくりへのステップには欠かせない。そのような単純化、抽象化が、実は都市デザインのヴィジョンともなりうる。

都市デザインとは未来社会を設計すること。「さらに、それぞれの地域において、環境への配慮と空間の構造的刷新や質的な向上を目指した「環境空間計画」をつくり、実践されていくことが求められている」(同19p)。

私のこうした理解が正しいのか、これから為していく仕事を携えていつか北沢先生にお伺いしたいと思っている。

空間にこだわる
作山 康 株式会社 都市環境研究所 上席研究員

アーバンデザインを目指している以上、空間にこだわりたいと常々語っていた。優れたプランでも空間に結びつけなければ。ただし、自分一人の手柄としてやるのではなく、地元住民・行政・企業・専門家などが関わり、みずから考えムーブメントにつなげることを重要視していた。とつもなく高い目標を掲げて、柏の葉キャンパスタウンプロジェクトでは、「我が国最先端のアーバンデザインの実現」や、「世界水準のまちづくり」を目標に掲げ、凄まじい努力の中でも、実現できる魅力的な空間は、さまざまな調整の果てに理想まで届かないことがわかっているからこそ、志だけは常に高く持たなければ妥協に陥ってしまうことを、教えていたのだと思う。

北沢マジック
高橋志保彦 建築家、都市デザイナー／神奈川大学名誉教授

北沢猛さんは都市のあるべき姿を求め、イマジネーションを見事にリアライズする抜群の能力を持つ人であった。プログラミングし、並外れた実行力と親しみそして穏やかな語りで人の心を捉え、多様なプロジェクトを数多く成功に導いた。用意周到に計画しながら、いつの間にかうまく軌道に乗せているという、いわゆる「北沢マジック」の持ち主であった。私が横浜の「馬車道計画」を終えた頃、北沢さんは横浜市に入庁された。新進気鋭の頃からの、秀でた洞察力に感じ入っていた。氏が神奈川大学に在任中には「都市計画」の講義を三顧の礼でお願いし、氏が都市計画室長になり超多忙になるまで3年程務めて頂いた。都市計画の体系的理論と横浜でのまちづくりの実践を学生に講じ、大変人気の高い授業だった。常に市民の側に軸足を置き、研究者、教育者としても優れた、存在感のある稀有な人だった。

北沢先生と僕
吉田 拓 (株) 山手総合計画研究所

北沢先生、僕は先生に大学院時代に大変お世話になりました。研究室のプロジェクトでは、先生の故郷の一つである喜多方で、必死で先生について行こうとしたのを思い出します。先生は豪放磊落である一方、生徒など周りへの気遣いも細やかで、僕自身も何度も助けていただきました。先生のあの一言が無かったら…そう思うことも何度もありました。僕は現在横浜で都市計画の仕事をしています。先生の残した業績に触れることができ、弟子としてはとても嬉しく思う一方、横浜で一緒に働くことが出来なかったことが残念でなりません。また何より、横浜で先生に亡くなられてしまったことを先生にご報告する前に先生が亡くなられてしまったこと、僕はこれからも悔やみきれません。僕はこれからの人生、先生を目指しても勝手に先生のような大きな人間になりたいと、そう強く願いして、先生のような大きな人間になりたいと、そう強く願い、横浜の都市計画に尽力していきたいと思っています。

北沢語録

市民生活を維持するために、都市の空間、諸機能や諸要素を『公共』という観点から適切に関係づける。生活環境の整備により、多様な機能と要素を置き換えることのできない空間（物的環境）として統合する行為である。『人間的価値』や『文化的価値』を尊重するものであり、近代社会あるいは市場経済主義が失ってきた人間を基本とする価値観を空間に反映するものである。「アーバンデザインとは―」東京大学まちづくり大学院講義資料

光環境整備における性能設計の初の実施
角舘政英 ぼんぼり光環境計画株式会社 代表取締役

岩手県大野村（現洋野町）街並み形成計画において街路灯整備を行った。当初、照度基準に従っていたが大野村での必要とされる条件を再検討し、道路歩道照明の考え方からボイド照明（道路空間を認識する手法）となった。これは街路照明の計画において、日本で初めて性能設計を採用し、極めて省エネも実現でき、新たな整備手法としての実施例となった。官民の調整に大きく寄与したのは北沢先生の人柄が影響したのは言うまでもなく、朝まで村人と酒を交わした結果から住民説明を行うことができた。私自身、北沢先生のモチベーションに感化されて丁寧に北沢先生に協力することができた事は幸せであったし、今後全国に性能設計の可能性を広めていきたいと思う。

北沢さんのこと
北山 恒

ユーディ・ムーブメント創刊0号というザラ紙の雑誌を持っている。この創刊0号に合わせてつくったUD賞をいただいている。この賞はUD研究体のメンバーが勝手に選んで勝手に賞を与えるというもので、六本木に作ったビールを飲みながらこのバーに突然賞をくれることになった。当時、私は駆け出しの建築家でしかなくて、槇文彦氏と並んで受賞をしたことを覚えている。これを仕掛けていたのが北沢さんで、丁度、この時期に横浜国大の教員に招聘されたこともあって、これをきっかけに六本木のこのバーで飲んだり、横浜で学生たちを集めてワークショップを仕掛けたりした。そして20年以上の付き合いになった。北沢さんはいつも動いている人だ。北沢さんの起こしたムーブメントはまだ続いている。

魅力ある空間デザイン

北沢さんへの300字メッセージ

小田嶋鉄朗 横浜市環境創造局企画課担当係長

北沢さんには、まちづくり活動に人を集めるコツを習いました。曰く、「かわいい女性をコアスタッフにすること」。続けて「男は、かってに集まってくる」「小難しいテーマでワークショップに連続して出てもらうためには、そういう楽しみがあることが重要なんだ」と。実践編は、現室長のN野さんや、前室長のA元さんに教えてもらいました。山手234番館実験活用、第2都市デザインフォーラム、日本大通りのパラソル＆カフェギャラリーの成功の裏には、そんな北沢さんのアドバイスがありました。いまでは、その ボランティアスタッフも横浜市役所やコンサルタントで中心となって活躍しています。やっぱり打ち上げが楽しい仕事がいいですよね。北沢さん。

上野 久 NPO法人アーバンデザイン研究体 役職 副理事長

初めて会った時

私が北沢さんと出会ったのは昭和63、64年ごろ、松戸市の研究会にお呼びした時でした。当時私は千葉県松戸市の都市計画係長で、北沢さんは横浜市都市デザイン室の係長でした。最初の会議に現れた時は驚きました。黒皮のコートでしかも長髪にサングラス、手にはジュラルミンのトランクといういでたちでした。この研究会の課題は新しい街区形成を行う際の要綱を定めることでしたが、大丈夫か？というのが本音でした。いくつかの疑問点があるものの、この研究の中で一番印象に残ったのは、都市にとってどれだけ評価すべきなのかという観点での議論でした。とてもためになるものでした。初期の要綱は内容が過激過ぎて建設省でNGとなりましたが、北沢さん達との議論はしっかりしていたので、直ぐに代替案を提案できました。それ以来すっかり仲良くなり、アーバンデザインに取り込まれてしまいました。

佐々木龍郎 株式会社佐々木設計事務所代表取締役

ありがとうございました

本当に人使いが荒かったですね、北沢先生。僕がご一緒させていただいたのは、思い返せば「時間がナイ」「お金がナイ」「表に出せナイ」という3ナイプロジェクトが多かったような気がします。そしていつでも「問題意識アリ」「情熱アリ」「人に対する配慮アリ」という先生の3アリキャラクターに心と身体をつき動かされてきました。僕がまだ大学院生の頃、先生の同級生で僕の指導教授の設計事務所に、ある夜「トレベある？」とおもむろに侵入ってきて「横浜市の北沢です」と長髪をなびかせ入ってきて、また国吉直行と中野恒明、そして北沢と私だった。彼は国吉の側から、私は民間の設計事務所から互いの仕事を意識しつつやってきました。北沢が東大の教授になって私をスタジオ課題の講師として呼んでくれて交流は深まった。汐留・品川・日本橋の都市デザインを論じオルタナティブを模索した。北沢の「理想の都市像からのバックキャスティングで今やるべきことを考えろ」との主張に深く共感する。より強く優しく美しい都市を実現しようとするベクトルの上で今も北沢の魂と共にありたい。

六鹿正治 日本設計 代表取締役社長

都市デザインのベクトル

北沢猛と初めて会ったのは、今は亡き「都市住宅」編集長の吉田昌弘が都市デザイン特集を作るために、30歳前後の若手都市デザイナーを招集したときが、集まったのは国吉直行と中野恒明、そして北沢と私だった。以来、彼は国吉の側から、私は民間の設計事務所から互いの仕事を意識しつつやってきました。北沢が東大の教授になって私をスタジオ課題の講師として呼んでくれて交流は深まった。汐留・品川・日本橋の都市デザインを論じオルタナティブを模索した。北沢の「理想の都市像からのバックキャスティングで今やるべきことを考えろ」との主張に深く共感する。より強く優しく美しい都市を実現しようとするベクトルの上で今も北沢の魂と共にありたい。

櫻田修三 企業組合 創和設計

たくさんの贈り物

始めて北沢先生とご一緒に仕事をしたのは、金沢区の走川プロムナードでした。今から23年前のことでした。建築の仕事から都市デザインへと視野が広がった大きな転機となりました。それ以来、建築と都市デザインの仕事をいったりきたりの連続で、楽しくて仕方ありません でした。先生の奥行きの広さ、温かさがきっとそうさせてくれたと思っています。最後にお会いしたのが、昨年の2月、JIA神奈川主催の浦賀ドックでの保存大会の講演会でした。寒い中、最後まで会議をリードしていただきました。その時のブータンのお話が胸に残っています。なぜ、日本人は、幸せだと思える都市づくりを目指していたのかなと、思っております。もう少し、私もがんばってみたいと思っています。

まちづくりのすすめ

冨塚宥暻　福島県 田村市長

北沢先生との出会いは唐突に訪れました。平成19年の夏に福島県三春土木事務所の芳賀所長が引き合わせてくれました。先生は、お酒が大好きで気さくなうえ正に豪放磊落な方でした。当時は合併して3年目で、まちづくりを何とかしなければと悩んでいた時期であり、お互いのまちづくりに対する熱い思いを語り合い、夜が更けるまで飲み明かしたこともありました。東大との協働によるまちづくりも3年目を迎え、これからという時でしたのに、別れもあまりに突然過ぎて、無念としか言いようがありません。これからも先生の教えを軸に、公民学一体となったまちづくりを目指し、前進してまいります。

比留間 彰　鎌倉市経営企画部広報課 課長

北沢さんとの会話で一番印象に残っているのは、開港広場のお話をしていただいた時のことです。まちづくりには遊び心が大切！まちは楽しくなくてはいけない！なるほど、当時の私には、非常に衝撃的な（大袈裟？）話でした。GWに久しぶりに開港広場を訪れてみると多くの人たちが楽しそうに過ごしており、改めて北沢さんの言葉を思い出しました。私が都市デザイン室にお世話になった平成10年には、もう大学に行かれていて、残念ながら一緒に仕事をすることは出来ませんでしたが、お会いする度に私たちに愛された行政マンは他にはいないと思います。私たち行政職員にとって永遠の目標です。これからも鎌倉のまちづくりを応援していてください。北沢さん、ありがとうございました。

北沢さんの一言

高橋晶子＋高橋寛　ワークステーション 1級建築士事務所

北沢さんが横浜市建築局にいらしたころ、かけだしだった私達に言われたことが記憶に残っています。「数モノ」と言われる地域施設が、実用面は公平に計画されるけれど、魅力的な空間という点で見ると甚だ不公平なことが起きている、と。人の活き活きとした活動との関係で空間の質を捉えていた、北沢さんらしい一言でした。単にデザインがよいというのでなく、そこでどんな気持ちや思いが沸いてくるか、現象面での洞察が的確でした。自身で設計されたコンクリートのご自宅が暑くて寒いんだと、しかし楽しく語っていらしたのも、機能性能では語りきれない魅力を持つ家だからなのでしょう。素晴らしい人がいなくなって大変さびしいです。

同志・北沢君

西脇敏夫　アーバンデザイナー

僕が民間から、横浜市企画調整局にアーバンデザイン担当主査として入庁した半年後に、北沢君は新人として入ってきました。以来室長となるまで、常に横浜のアーバンデザインに様々な視点から挑戦し多くの実績を残しました。中でも歴史を生かしたまちづくりに当初から取り組み、「港町横浜の都市形成史」の出版、歴史的資産の本格的調査、歴史を生かしたまちづくり制度の確立、歴史的資産を街づくりに生かす様々なプロジェクトを実現させるなどしました。10数年間にわたり同志として、一緒に仕事をし、共に苦労した楽しい思い出は数え切れません。アーバンデザインは実践学であり、北沢君は実践経験豊かな他に得難い貴重な学者であり、その活躍に大きな期待をしていたのに非常に残念です。

アーバンデザインに対する職能

遠藤 新　工学院大学 工学部 建築都市デザイン学科 准教授

アーバンデザインに対する職能を更に拡張していくこと。これは北沢先生が我々に残した大きな課題の一つである。先生とは国内外の様々な都市を一緒に訪れた。先生は各地で都市やまちづくりに関わる人らを触発し続け、都市に対するビジョン、アーバンデザインという運動に対するビジョンを共有しようと努めた。デザインの必要性を説いた。その言葉は常に地域の暮らしと共にあり、決して上滑りすることがなかった。その力強さが彼ら彼女らに内在するアーバンデザイン世界の可能性を広げないはずがなかった。アーバンデザインに対する職能には人それぞれの広がりがあり、人によっては生き方そのもの様なところさえあって良い。それを教えてくれた。

北沢猛君が情熱を燃やして取り組んだ「都市デザイン室創生期」

内藤惇之

北沢君は、1977年4月に横浜市に採用された職員であった。配属された企画調整局では、都市デザイン担当という聞き届けられないセクションを希望し職務に就いた。横浜市の都市デザイン活動は、まだ一緒に就いたばかりであったので、取り組む課題が山積しており、またその課題の大きさ、難しさなどどれをとってもゴールが見えないものばかりであった。

北沢君が最初に取り組んだ課題が、「区の魅力づくり」というプロジェクトの立ち上げで、金沢区や神奈川区の魅力づくり、魅力発見に奔走した。この活動の延長として横浜市における「歴史的資産の保全と活用」「歴史を生かしたまちづくり」の取り組みが生まれた。歴史を生かしたまちづくりの取り組みから、1981（昭和56）年3月「港町横浜の都市形成史」編纂にこぎつけることができた。週末深夜、市庁舎にただ一つ灯りがともる都市デザイン室の北沢君を思い出すことがある。

人生の「師」

芳賀英次　福島県土木部都市総室 まちづくり推進課長

平成16年7月18日に初めてお会いしてからの5年間は、仕事や酒飲み等、勝手な言い方になりますが、私が先生を独占させて頂いたように思います。命がけで毎日を生きておられる貴重な時間を一緒に過ごさせて頂いたことは、何物にも代えがたい私の貴重な財産です。私が喜多方建設事務所へ異動しなかったら、「会津の三泣き」という経験や、北沢先生という人生の「師」との出会いもなかったでしょう。もし私が同じような病魔に犯されても、先生のような生き方ができる自信は、全くありません。やはり、先生の生き様を賞賛する適切な言葉が貧しい私には、「先生の生き様を賞賛する適切な言葉が見いだせません。「まちデザイン」や「都市デザイン」を勉強したこともない、いち地方公務員の私を根気よく指導、叱咤激励して下さり、ある時は慰め、そして一緒に怒り、仕事上でも個人的にも大変お世話になりました。本当に、ありがとうございました。

「空間」「時間」「人間」

片岡公一　（株）山手総合計画研究所

歴史から未来社会までの時間を視野に入れ、都市空間に対するビジョンを示し、人と人の間をつなぎながら、それを実現していく。北沢先生は、アーバンデザインとはこの三つの「間」を考えることだとおっしゃっていました。理念として言うのは簡単ですが、それを実践していた北沢先生は、私を含め研究室の学生の憧れでした。数年前の研究室の忘年会で、ほろ酔い気分の北沢先生が、「まだまだお前らには負けねぇ」と言っていたのを思い出します。私たちがどんなに頑張っても永遠に追いつけなくなってしまった北沢先生は、今も最高のアーバンデザインの教師です。先生の奥様から、病床の先生は「やるべきことはやった」と思っていたとお聞きして、私たちの心の中に確かに根付いた先生の魂が、時間を越えて都市空間をつくっていくアーバンデザインのひとつであり、アーバンデザイナー、教師としての北沢先生のテーマであったと気づかされました。

北沢先生へ

塩澤諒子　株式会社コスモスイニシア

アーバンデザインという建築と都市の間の、とても奥深くて興味深い分野があることを知ってから、北沢先生の存在を随所に見つけ、都市デザイン研究室と出会いました。今考えたらなんと貴重な一時を過ごしていたんだろうと思うのと同時に、もっと多くの時間を過ごせたらと悔やまれてなりません。ただ、北沢先生に出会えて本当に光栄ですし、今後もずっとその大きな背中を追い続けたいと思います。

長澤怜　清水建設 設計本部 医療福祉施設設計部

北沢先生にご指導いただいた2年間を振り返るとアーバンデザインという学問はもちろん、アーバンデザインを実践していく上で必要な人間としての懐の深さや姿勢について学び、自分の視野を大きく広げていただいたことが心に残っています。中でも印象的なのが北沢先生を思い返すと、常に多くの人たちとの会話を楽しむ先生たち学生に対してもお忙しいにも関わらず時間を惜しまず親身になってご指導いただいている様子が目に浮かぶことです。先生が話された一つ一つの言葉が今後、みんなの思想や行動の中に宿り、魅力あふれる空間やまちが出来ていくことを心から願っています。

先生から教えていただいたこと

難波香司　国土交通省九州地方整備局 副局長

先生から教えていただいたことは、インフラ・社会資本を単にモノとして見るのではなく、常に人とのつながり・関わり（文化的側面）で見ること、そして価値観の時間的変化も考慮しながら都市の風景に継続的に働きかけていくことの大切さです。

先生の教えは、長く携わってこられた横浜の街の風景に活きています。そして何よりも、教えをいただいた数多くの人々の心の中に深く残っています。

先生が、走り続けられた理由は人の心の中に残そうと思われたからではないか、だからこそ先生へのお礼は、先生からの教えをいただいた者が現実の社会でそれをしっかり活かすことだと思っています。しっかりやります。見守ってください。

都市デザインに大切なことは二つ

岩崎駿介

都市デザインに大切なことは二つ。一つは、多種多様な人々との出会いを演出すること。都市における他人との触れ合いを通して、自分では体験できない他人の人生を自分のものとし、自分の世界を広げることができる。二つには、孤独から共感に至る幾重にも重なるコミュニケーション空間装置を作り出すこと。孤独に浸りたい人には、やさしくその孤独を守る空間、そして他人との触れ合い、共感を求める人々にはその集会の規模に応じた空間を作り出すこと。

しかし、いま都市に集う人たちがあまりにも互いに似通った、同種の人間に満ちている現実、そして傷つけられるのを恐れて触れ合いから逃れようとしている現実を、どのように解決していくのかが、厳しく問われている。

駆け抜けた「まちづくりスラッガー」北沢猛さん

原 昭夫　自治体まちづくり研究所

80年代後半より毎年「都市デザイン自治体交流会」という関東圏の自治体で持ち回りで行っていた暮らしの「勉強会兼交流会兼忘年会」の何回目かの時に、横浜市役所に入ったばかりの北沢さんもやって来ました。弁舌・理論ともに流暢・達者で、仕事の話、これからの都市のありようについてなど熱弁をふるっている勢いにも感心させられました。常に「正面突破」といった姿勢をしっかり学ぶことの大切さも主張され、横浜の歴史絵本を書かれ、送って下さったことをありがたく今も思い出します。私の働いていた世田谷区の風景デザイン委員にもなって頂き、様々なアイデア・アドバイスを頂戴しました。その意思とエネルギーを思いながら、私たちもそれぞれの場所で、まちづくりを深めていきますよ。さよならスラッガー！

北沢猛さんによせて

森 日出夫　写真家

僕は横浜生まれの横浜育ち。ずっとこの街の風景を撮り続けている。二十数年前、みなとみらい地区の真っ白い模型を撮影した。「へえ、こんな都市になるんだ…」と実感のないまま撮っていた。ちょうど三菱ドックが平地になったばかりの時。「アーバンデザイン」という言葉を僕が認識し始めた頃あっての事だったか。彼が都市デザイン室長であった時だった。北沢さんと初めて会ったのは、髪が肩までであって、まるで由井正雪みたいな人だな、と地。第一印象は。2年前、「未来社会の設計」（北沢猛編）での写真借用の事で北沢さんが僕のスタジオにはじめて来られた。会ったのはその日が最後である。スタジオのバーカウンターで飲みながらいろんな話を聞きたかった…。それから間もなく、田村明氏も亡くなられた。最後に会ったのは2号ドックで田村さんを撮影させて頂いた時だった。僕は横浜の街の記憶を撮り続ける。感じるままに僕のやり方で。

ドンの早世を惜しむ

篠原 修　政策研究大学院大学 教授

北沢猛さんについて多くを語る資格は無い。横浜市のデザイン調整会議で同席する程度の付き合いで、それも年に一、二回開かれるといった具合だったのだから。在籍していた横浜市というといった事情も手伝っていたのかも知れぬが、いつも発言はざっくばらんで、態度は快活だった。専門はアーバンデザインだった筈だが、今思い返してみるとデザイン以前の都市計画家と言った方が似合っていたと思う。その風貌と発言の仕方、会議の取り仕切りは話に聞いていた高山英華先生に近かったように思える。都市計画は惜しい人物を失った。ドンとしての活躍はこれからといった年齢だったのに。

横浜発、日本初をよくやりました

吉田哲夫

出会いは昭和56年ごろ、私が中部公園施設係長のころからですから30年の付き合いとなります。今思えば、公園づくりで多くの仕事を一緒にしたものです。元町公園グラフ80、弘明寺公園カブト虫、山下公園管理棟へ、洋館復元を（山手公園人形の家歩道橋）山下公園立体駐車場と世界の広場、元町公園エリスマン邸移築、長屋門公園安西家移築、ポートサイド公園実施コンペ、イタリア山庭園へのブラフ18番館、外交官の家の移築復元等々。
こんな思い出話で私の卒業祝いをしてもらえるはずでしたが、残念で仕方ありません。

野原卓　横浜国立大学

「よく、できてたよ。」大学の研究室に配属する際、着任されてすぐの北沢先生にかけられた、演習課題へのこの一言に導かれてこの分野に交流を続けていきました。その後、旧大瀧村、京浜臨海部再生、インナーハーバー、中国コンペ、国内外のアーバンデザイン・プロジェクトにお供させて頂きました。特に、中国コンペでの、連日連夜の濃密なデザイン論議が思い起こされます。どんな困難があっても常に楽しんで（楽しめるように）計画を進めるその姿に輝きと憧れを感じていました。
「喜多方のシャンゼリゼ通りはこのあぜみちだよ。」喜多方の方から伺った先生の言葉です。人を愛し、地域を愛し、都市を愛した、愛情あふれるアーバンデザインの心を私も受け継ぎたいと思います。今も聞こえてくる、「野原君、うまく、やっといて」の言葉に導かれて。

都市と向き合う姿

加藤仁美　東海大学工学部建築学科教授

小田原の政策総合研究所でのまちづくりの実践と醍醐味、横浜市まちなみ研究会での市街地環境設計制度の見直しの議論、都市環境フォーラムでの意見交換など、ご一緒した時間は決して多くなかったのですが、北沢さんの一挙一動一言に触れることは、実に多くのことを学びました。たまたまいただいた「ある都市のれきし、横浜・330年の絵本（文・北沢猛）」がきっかけで、これをモデルに私の大先輩（夫）が鎌倉でまちづくり絵本を創りました。そのご報告と短いメールのやりとりが最後になってしまいました。いつも全力で都市と向き合う姿を見習い、皆で引き継がなければという思いを強くしています。有難うございました。

北沢さんとの出会い

牛山恭男　野村不動産インベストメント・マネジメント株式会社　部長

「海外の建築家にデザインを依頼したプロジェクトが最近我が国で増えてきています。日本人の設計者と違う彼らの魅力とは？」。二十年ほど前にNHKのテレビニュースの取材にこんな質問に答える北沢さんと私の姿が家庭のテレビに映し出されました。当時北沢さんは横浜市の都市デザイン室の立場で、私は野村不動産が横浜市保土ヶ谷区に建設中だったYBP（横浜ビジネスパーク）の企画設計担当として、プロカメラマンのアップに耐えながら海外の建築家によって実現した都市空間の魅力について熱く語ったのでした。電波にのった「空間デザインに対する熱い想い」これが北沢さんとの初めての出会いでした。

ジュゼップ・アントニ・アセビーリョ　バルセロナ開発公社代表　Barcelona in progress
丸島彰　バルセロナ開発公社

1980年代後半からバルセロナ市は横浜市と都市の創造、再構築などを中心に交流を続けてきた。その中でも北沢猛氏を中心とした都市計画家、アーバニストの活躍は特に目を引いたものである。1990年バルセロナ＆ヨコハマシティクリエーションという国際交流事業を契機として両市の都市に関する議論は文化としての都市、都市の歴史の記憶、都市デザイン、都市再生へと発展し、特に公共空間の構築、都市空間に関する議論、都市再生へと発展してきた。2010年までのバルセロナの都市の変貌に関わってきた者にとって現代の都市の条件、未来へのビジョンはかかせない課題である。これは単に議論の場を作り上げていただけでなく、直接都市を創造する現場でお互いに実現してきたものである。これらはフェラン・マスカレイをはじめ、亡きイグナシ・デ・ソラ・モラレス等に負うことも多い。その意味でも北沢猛氏のような貴重な人物を失ったことは大きな損失である、と理解する。一同心より冥福を祈ります。

地域まちづくりの先駆

山路清貴　山路商事株式会社 都市・建築設計室 室長

北沢さんはスマートな振る舞いが似合いますし、泥臭い現場に立つイメージはなかったのですが、1988年、南区南太田地区での試行を通じて、私の彼へのイメージは一変しました。突撃インタビューで画板を首から提げ住民の声を拾いに行く姿、次々とワークショップを行うのは、まさに「参加のまちづくり」の先駆けプロジェクトでした。こうして1992年2月、子どもから地域代表まで多くの住民が集まり、彼の進行で始まった会で、「色々な人が真剣にこのまちのことを考えている。住民の意見など開く耳をもたないと思っていた役人までも。長生きして良かった」と、一人の老人が仰ったのです。

6 北沢猛の人となり

北沢さんは、やはり、前述の5テーマに収まりきらない人だった。この第6のテーマでは、1〜5では当てはまらなかったメッセージを集めている。

北沢さんは、アーバンデザイン以外の人とのつきあいも多い。直感的に将来のアーバンデザインにつながる分野として考えていたのかもしれない。北沢さんは、違う分野の人達にとっても魅力的な人間だったことがよくわかる。

この6番目のテーマを読むと、北沢さんが誠実で、しかもいつも楽しく朗らかに仕事を進め、常にポジティブに強力に物事を進める力を持っていたことがわかる。北沢さんの奥様の話を聞き彼の部屋を覗いてみると、無駄な時間がほとんどなく資料を読みあさり、常に新しいことに興味を持って研究していたことがわかる。プロジェクトを実行する時も、事前調査などへの努力はものすごいものがあるのに、その緻密さを外に出さず格好良くやってみせている。そんな人柄に惚れていた人は多いのだろう。

そして、人生の後半になると教育に力を入れていた。あれほど先頭に立ってプロジェ

クトを引っ張っていた北沢さんが、2~3年前、これからは若い人を育てることに専念する‥と言っていたことの意味を今になって理解できた。既に病魔に冒されていた北沢さんにとって、自分のアーバンデザインを進めるためには、人材育成が最大の課題だったのだろう。最後まで、アーバンデザインのために自分が何をなすべきかを冷静に考えていた。

今回、メッセージを書いてくれた人のほとんどが、北沢さんの思いを実感し、その意志を継ごうとしている。彼は多くの人の心の中で今も生きていると感じた。

秋元康幸
「アーバンデザイナー北沢 猛を語る会 in ヨコハマ」実行委員会事務局
横浜市 APEC・創造都市事業本部 創造都市推進部長

たけ兄ちゃん

北沢 至 ｜ ㈱オルカプロダクション

私の兄「たけ兄ちゃん」との思い出をお話ししよう。私の頭の中に今でも強烈に焼き付いているのは、兄が机に向かって、貧乏揺すりをしながら、尋常でないほど夜遅くまで受験勉強していた姿だ。私たち一家が新宿のマンションに住んでいた時代は、私たちの子供部屋は北向きであったために冬はとても寒くなり、兄の姿は壮絶を極めることになる。毛布をグルグル腰に巻き、足には電気アンカスリッパ、マフラーに、毛糸の帽子と完全防備で勉強していた。私には家で勉強するという概念が当時は薄かったので、そこまで必死に勉強するのは不思議であり、その姿が怖かった。同じ子供部屋だった小学生の私にとっては不夜城で大迷惑な話であった。とはいえ、人はこれほど目標に向かって集中できるのだと子供ながらに思ったものである。ある時、私は2段ベッドの上の段から寝返りの反動で下に落ちた。幸い丁度椅子が下にあり、椅子の座面にしたたか腹部を強打したが平気であった。兄は一言「なにやってんだ！」とニヤリと笑い、動じることも無く勉強を続けていた。無事確認してくれたと信じるが。

そんな兄も大学に入ってからは妖気が薄れて、一緒にギターを弾いたり歌ったりする余裕が出て来たみたいで、この頃は私も兄と遊んでとても楽しかった記憶がある。兄がギターをどこかで習ってきて、それを私に教えてくれて私も音楽好きになった。私のギターを買うために兄弟みんなで一緒に楽器店に行って選んでもらい、一生懸命練習し、後には私の方が上手くなった、（兄は最後まで自分の方がうまかったと言っていたが。）と思う。当時は、吉田拓郎を中心としたフォークソングや、ちょっと古いグループサウンズなどを二人で弾いて、がなり合うように歌い、他の家族の顰蹙をかっていた。兄はテレビや勉強などに飽きると、結構頻繁に、「おい、至！ジャカジャカやるか！」と言って子供部屋で二人でギターを弾き、声がかすれるまで歌った。練習の成果もあり、私は大学でバンドを作る事になった。余談だが、そのバンドのキーボード奏者が私の妻である。

兄には私の勉強もよく見てもらったが、「オマエ、ちゃんと自分の頭で考えているのか？！考えろ！」と随分と叱られた。兄は数学がとても好きで、『大学への数学』という雑誌をよく読んでいたし、私には数学の面白さも教

えてくれた。小さい頃は本当に勉強嫌いで、家で教科書を開くことなどは一切しなかった私も、数学に親しみ難しい問題を解くのを楽しんでいる兄に憧れるうちに、段々と数学が好きになり、私の数学の成績も劇的に向上し、大学では素粒子物理学を勉強するようになった。二人の兄達は理系で、小さい頃から成績優秀だった。私だけが勉強嫌いで軒並み成績は悪く、親からはひどく叱られていたが、理科だけは小学校の頃から成績が良かった。兄達の後ろ姿を見て自分も将来は理系に進むのだろうな、とは早くから感じていた。だが、兄は理系の教科だけが得意だった訳では無い。兄が駿台予備校に通っていたときに授業の事をしばしば話してくれた。S先生の物理の授業は面白い、I先生の英語はとても良く分かるぞ、漢文や古文も世界史も面白いんだよなど。そんな話を聞くうちに、私も同じ授業を受けたいなと思ったものだった。後に、幸か不幸か、望み通り同じ授業を受けることになる。

大学を卒業した兄は横浜市役所勤務になり、新宿のマンションは高校生の私と長兄の2人だけが住むだけで、子供部屋は私だけのものになったが、気が付くと「たけ兄ちゃん」と同じように、毛布、電気アンカスリッパ、マフラーと帽子姿で、同じ机で勉強している自分がそこにはいた。この頃の私は、なんとか兄より勉強してやろうと考えていて、独自の勉強方法を編み出した。数学の超難問集を買ってきて、毎日1問問題を覚えてお風呂に入り、お風呂のタイルに鉛筆で書き問題を解くのである。「この勉強方法は兄ちゃんはやっていなかった！勝ったな！」なんて一人で悦に入っ

ていたものだ。結局駿台予備校に入ってしまった私は、本当に兄が語っていたとおりの風貌の先生に、兄が語っていたような授業を受けた。ちょっと「たけ兄ちゃん」に追いついた気がしてすごく嬉しかった。兄の予備校時代の成績ランキングを私は抜くことはほとんど出来なかったが、一度だけ兄の順位を抜いたことがあった。兄にも自慢したし、今でもその時の喜びを鮮明に覚えている。ただ、一番得意な「数学」では無く「古文」だったのがおかしい。この頃の私は、ただひたすら兄に追いつくことを目標としていた。

時は過ぎ、自分が経営する会社を横浜に移転させる時に、私は兄に久しぶりに相談をした。偶然ではあるが、兄の病気が発覚した頃であった。この頃からまたしばしば兄にアドバイスをもらい始めた。「面白い事をやれば、黙っていても人は集まってくるよ。人と人をつなげることこそが仕事をする目的なんだ。」つまり、「情報を発信する」ということが、人のネットワークを広げるために重要だという助言であった。この兄のメッセージは兄に追いつきたい私をまたも勢いづかせた。

幼い頃より私の憧れであり目標でもあった「たけ兄ちゃん」の背中をこれ以上追うことが出来なくなってしまったことは無念でならない。が、兄が示してくれたメッセージを基に私なりに実績をあげ、またいつの日か兄に自慢したい。

北沢さんの思い出

西村幸夫 | 東京大学大学院都市工学専攻教授

私にとって北沢さんとの一番の思いでは、なんといっても東大へ戻ってきてほしいと言うことを交渉するために二度ほど二人で人目に触れないように（？）落ち合っていろいろ相談したときのことです。一度目は二人の職場の中間と言うことで品川のホテル、二度目はだいぶたって、お茶の水のホテルでした。

最初の品川のホテルでは、大学の都市計画教育のなかでの都市デザイン部門のおかれた現状や都市工学科の将来、自治体における都市デザインのこれからのあり方と大学としての関わり方、お互いそれぞれの将来やりたいことのビジョンなどを語り合いました。

詳細はここでは書ききれませんが、それぞれのスタンスを尊重しながら、二人でこれからの都市工を、さらには大学における都市計画・都市デザイン教育をもり立てていこうと盛り上がって、お酒もすすんだのです。

それから大学へ移ってからの北沢さんの活躍は皆さんご承知の通りです。

二度目は、北沢さんが東大に移って2年以上経過してからのことでした。場所はお茶の水の山の上ホテルのバー。この時は、当初3年の予定で来てもらっていた東大にその後も引き続き残ってほしいという相談でした。大学へ来てからの北沢さんの自治体とのつきあい方は、ある意味、彼独特のものでした。つまり、自治体の職員のものの考え方も役所の組織の行動パターンも、そしてそれと付き合う大学教師の方の行動パターンも（以前は行政側から、後に大学側から）よく見てきていた北沢さんは、じつに行政の勘所を押さえており、首長にたいしても力の入った説得のできる人でした。さらには予算を獲得するためのプロセスも絶妙で、これは学者プロパーの人間にはだれもまねのできないものでした。

その結果、北沢さんは役所側にとっても、なくてはならない人材となり、東大にとっても、簡単に横浜市に戻っていっては困る学者になっていたのです。また、北沢さんの教育上の役割は非常に大きく、学生にもっとも人気のある教師になっていました。

二度目の相談の結果、北沢さんは東大に残ることを快諾してくれたわけですが、ちょうどその頃から、自分の専門に「都市デザイン」だけでなく、「自治体都市政策」ということを言い始めたのだったと記憶しています。

「自治体都市政策」という専門領域の旗を掲げ、その方法論を、自らの体験から紡ぎ出そうとしていたのではないかと思います。こうした専門のフィールドが確立されたならば、実践と不可分に結びついたおもしろい研究がいろいろな分野で育っていったと思います。横浜における創造都市の実践などその典型的な事例になったことでしょう。しかし、残念なことに道なかばになってしまいました。

じつは、生前、「自治体都市政策」は何を目指すのか、といったことについて面と向かって北沢さんに問うたことはありませんでした。同僚の専門とするところの神髄に関して、そう簡単な問いかけはできないものです。ことは立ち話するような問題ではありませんから。しかし、今思うと、どこかで膝詰めで「自治体都市政策」の目指すものについて、もう一度酒を酌み交わしながら、じっくり議論しておくべきだったと、遅すぎる後悔を、いま、しています。

ただ、しかつめらしい顔をして議論をふっかけても、「いやぁ‥」とか何とか言って、うまいことはぐらかされるのが関の山だった

かもしれません。北沢さんにはそんなシャイなところがありましたから。

この二度の他にも、北沢さんとは数多く飲み会の場をもちましたが、いつもほかに大勢のメンバーがいて、わいわいやっているシーンばかりが記憶に残り、深刻な議論の場面は思い出せません。まあ、北沢さんにはそうした楽しいお酒がとてもよく似合っていましたが。

同僚となってからの北沢さんとは、じつは、あまりゆっくりとした時間をとれたという場面はなかったのです。お互い忙しかったので、打ち合わせはいつも数分、しかしそれでお互いを理解するには十分でした。重要な決定もそうやってお互いの信頼の上に立って、即決でした。

だから、同僚になる前の北沢さんとの膝詰め談判が一番の議論となってしまったのです。

北沢猛の人となり

北沢さんへの300字メッセージ

任 智顕 人間環境デザイン研究所研究員

北沢先生にお会い出来たのは凄く幸いのことで、心から感謝しています。

先生の周りはいつも大勢の人が集まる、何かが始まって動き出し、ある結果が出てくるという凄く自然な一連の流れがありました。先生の都市への思いや情熱、人に与える影響力と推進力、また常に楽しんで行うその姿勢は、短い大学院の生活でも、十分感じられる大きなものでした。大学院の時は出産などの個人的なことで、先生や研究室にご迷惑ばかりおかけしました。研究と育児の両立がうまくいかず弱気を吐く私に対して先生は、どのような大変な場合でも子供のせいにしてはいけないことを強くおっしゃいました。その言葉は今でも、私の中で大きな原動力になっています。

前進体

曽我部昌史 神奈川大学建築学科教授

北沢さんとの関わりが密度を増してきたのは、亡くなる少し前からです。いつもポジティブで、出来ないかも知れないっていうような迷いはなくて、プロジェクトにブレーキをかけるような視点を、当たり前のことのようにサクっと摘み取っていく姿が印象的でした。おそらく、事前の準備とか調査とか調整とかを積み上げていたからこその態度なのでしょうけれど、そういった緻密さをあまり外に出さないので、場のムードとしても、ともかく前に進もうといったものになっていたように思います。その秘訣を掴みたかったのですが、わからないままでした。これから、残していかれた仕事などを通して、謎に近づいていってみたいと思っています。

研究室（柏）での北沢先生

松尾真子 （株）三菱地所設計 都市開発マネジメント部

厳しい闘病生活だったと思いますが、その間に、柏での北沢研究室を開設され、そばで多くのことを学べたことは奇跡だったのだと思う反面、運命であったと自覚し、身の引き締まる思いでいます。アーバンデザインとは何かの、今でも模索中ですが、「北沢猛」という職業を通して、自分なりの答えを見つけていくヒントをたくさん与えられたと思っています。研究室での北沢先生は「先生」枠を越え、私達のボスであり、師匠であり、時には父親の様でもありました。多くの人に影響を与え、いつも朗らかにダイナミックに周りを包み込み、本当に大きな大きな存在でした。いつもいつも、そして最後までかっこ良かった！！本当にありがとうございました。

中野 創 横浜市都市整備局都市デザイン室 都市デザイン室長

1987年に都市デザイン室担当として着任した時の上司が北沢係長だった。そのころは、毎晩深夜の激務が続いた。皆で深夜帰宅する時、本庁舎の電気がすべて消えていると、北沢さんは何故か一番最後であることを喜んでいたのを思い出す。何事も負けず嫌いなのだ。その後5年間一緒に仕事をして、それからは、直属上司ではないものの、「創造都市横浜」「インナーハーバー構想」など様々なプロジェクトを一緒に関わることができた。いつも新しい都市づくりにものすごいエネルギーで邁進し、目途がたつと「後はまかせるよ！」と一言で次の企画に着手する姿が目に焼き付いている。摩擦を恐れない強靭な精神力を備えた大先輩は、「後はまかせた」と天国で言ってくれるのだろうか？

北沢さんへのオマージュ

小松崎 隆 横浜市副市長

私が横浜市に入庁したのが1976年、北沢さんはその1年後に横浜市職員となりました。仕事の畑がずれていたせいか、お互いを認識し合うこともありませんでした。しばらくの間は都市計画分野での異動になり係長になるあたりからお付き合いが始まったと思います。若いころの彼は、都市デザインの視点での調整に長けてはいましたが、色々な素材をマナ板の上に並べて中華包丁で輪切りにするような荒々しさが印象でした。ベテランになってからも説得話法が円みを帯びたとはいえ、主張の軸がぶれるようなことはありませんでした。東大での講義のあとに赤門近くで飲んだのが最後になりましたが、もっと街づくりを肴に杯を交わしたかった。

楽しく生きること

砂川亜里沙　株式会社コングレ 営業企画本部

2年前の卒業文集に北沢先生の言葉がある。結びは「多様な空間と可能性が皆さんの前にある。思いきり生きて楽しんで。」だった。

当時研究で行き詰ると、先生のアドバイスは「楽しんでやりましょう」で終わることが多かった。「楽しさ」は物事の本質を捉え、真剣に向き合った姿勢の先にあり、そのの大切さを常に先生は体現していたんだと、今なら分かる。横浜の街づくりについても同じ。先生は市民と未来像を語り、多主体に調整をかけ、市民に未来像を語り、「新」を「旧」に浸透させ、都市が変わっていく。都市を動かすことを見せてくれた背中に、初めて将来一緒に仕事をするため多くの方々と共に、これからも思いきり楽しんで都市と向き合います。

街づくりを語った想い出

小林正幸　横浜市泉土木事務所長

私が昭和57年に当時の横浜市企画調整局企画課に入庁したとき、北沢さんは、隣の都市デザイン室にいらっしゃいました。同じ親睦会で、気さくにいろいろな話をしていただいたのを昨日のようによく覚えています。その後、いろいろな場面で、横浜の街づくりについて、静かなトーンで、飄々とした感じではありましたが、それでも熱く、強い意志を感じるものでした。物事を進めていく力強さを感じていたところでいろいろな話を聞かせていただいていたところであり、ご逝去は残念でなりません。心より、ご冥福をお祈りいたします。

北沢語録

横浜の歴史は日本の近代の歴史である。また、東京という首都が近いがゆえに、自立的な都市経営は困難であったことが分かる。しかし、新しい都市づくりや都市文化、さらに計画や技術、デザインは横浜を通して、うまれてきたのである。今日でも横浜の市民や企業・行政は挑戦的、実験的な都市づくりへの意欲を絶やしてはいない。『横浜の歴史』『都市デザイン横浜 SD別冊』(鹿島出版会、1992)

北沢君の「誠実」

森誠一郎　一般社団法人横浜みなとみらい21理事長

昭和52年度採用横浜市大卒技術職は、田村明技監兼企画調整局長の強い意向によって面接で採用しました。北沢君もそのうちの一人でした。彼を面接した中で、強く記憶に残っているのが、「自分の長所なり信念は、『誠実』です」という言葉です。その言葉に「なんと謙虚な男」と、深く感動しました。「都市デザインを横浜市で実践したい」という彼の希望は叶えられましたが、実際の仕事の中で、手ごわい相手と丁々発止議論するコツを会得していったとも想像します。しかし、交渉において、手練手管だけでは、到底相手を心服させることはできません。北沢君が、数々の業績を残せたのは、「誠実」という彼の魂にあると、信じて疑いません。

小山内いづ美　株式会社コングレ 営業企画本部

中区の調整係長時代にデザイン室長として、鎌倉の征矢さんや横須賀の亀ちゃんらと歩きもし、今井さんのお宅で窯を拝見したりしながらいろいろと語っていただいたことがあったのを思い出しました。その後東京大学へ移られ、激務を使命感のごとくこなされ、平成20年度の調査季報の創造都市特集では、北沢さんに厳しい思いで原稿を書いていただいたのが業績を未来に引き継ぐ記録の抜粋になったのかもしれません。

「都市づくり研究会」では、北沢さんから声をかけていただき都心へ大学のサテライト機能を誘致してはどうかと提案させていただきました。いよいよというときにあまりにも早く閉じられた人生で、心底悔やまれます。

宮村忠　関東学院大学名誉教授

北沢さんと横浜を語ってから、もう四半世紀を超えました。私が関東学院大学に勤めたばかりの頃で、都市デザイン室での語らいでした。生まれも育ちも東京の私にとって、初めて西に向かって通うのは、馴れないことだという話題から始まりました。東京から見れば横浜はブランドですが、私にとっては、憧れの場なのですが、ですが、私には「子弟は東京で育てる」との高級な生活をもった横浜と、洗脳されていたのでしょう。「横浜に学生街が欲しい。」といんな風調を壊すために、東京にどっぷり浸かった私は、うような会話でした。横浜の文化都市を背負った北沢さんと、その後も談論を楽しませていただきました。

師弟関係
森下尚幸　横浜市役所

先生とは横浜市大の大学院で2年間お世話になりました。先生と鈴木先生に対し生徒2人というマンツーマンでの結局不出来な生徒でしたが、先生に頼まれて送った吉田町でのストリート演劇の写真をうまいと言ってくれたのが嬉しかったです。夜遅くまでの贅沢なゼミも懐かしい限りです。

北沢先生にいただいた言葉
柏原沙織　株式会社 富士通総研 公共コンサルティング事業部 アシスタントコンサルタント

私が先生から頂いた一番大切な言葉は、追いコンでの色紙のものです。修論執筆では、指導を受ける度に自分の脳内迷宮にご案内する様で毎回気が引けました。不安だらけで終わった修論に、「いい論文でしたし、それ以上に柏原さんの人間性をあらわしていて感激しました」。それまで不安中走り続けた修士2年間が報われた気がして、胸が熱くなりました。北沢先生に教えて頂いたことは、これから仕事をする中でやっと意味が分かることが多いのではと思います。そうして分かったことを直接お話しできないのは寂しいですが、北沢研の学生だったと胸を張って言えるよう「高い志を持って」仕事をしていきたいです。北沢先生、本当にありがとうございました。

未来の都市デザインに向けて
小島良輝　東京大学大学院 新領域創成科学研究科 社会文化環境学専攻 空間計画研究室 修士課程

都市デザインを専門にしようと思い、北沢研究室に進学しました。先生の側に居られたのは1年間もありませんでしたが、多くのことを学びました。先生の専門家としての実務や経験はもちろんですが、何よりも先生の人柄が、多くの人との協働を可能にしたのだと感じています。学生生活の途中で先生が亡くなられたのは非常に辛いことですが、先生の後ろに付いていくのではなく、自分の道を探せと言われていると受け止め、自分なりの都市デザインに、先生がいつも話していたように、楽しく取り組んでいきたいです。その根本には北沢猛と柏の葉が揺らぐことなく残り続けると思います。

33年前、そして今
三好誠人　横浜市道路局

北沢猛君とともに横浜市役所に入庁したのは、33年前。当時は、オイルショック後の不況で、技術職員の一般採用はなく、北沢君は建築職、私は土木職で、選考採用という手続きを経て、市役所に入りました。彼の卒業された神奈川県立横浜緑ケ丘高校のOBの皆さんと、週末はテニスを楽しんでいました。その中に、奥さんの良枝さんもめでたくゴールイン。私は、結婚披露宴の司会という大役を仰せつかりました。2009年12月のクリスマス前、北沢君が住むみなとみらい地区を妻とドライブしていて、「超高層マンションの低層階に住むというのは、どういう感じなんだろうね。」というような会話をした次の日、北沢君の訃報が届きました。何の前触れもなく。

天性の現場のオルガナイザー
森まゆみ

地域雑誌『谷中・根津・千駄木』を創刊した1984年頃、地域史の掘り起こしや民家の保存、活用、景観などで頑迷固陋な台東区・文京区と悪戦苦闘していた私たちには、飛鳥田市政以来の直接民主主義、都市デザインの先進自治体、ヨコハマは輝いて見えました。山手の洋館の保存など現場で先頭に立つ市職員北沢猛さんは、そのころ長髪のかっこいい青年でした。何度も案内していただき、中華街やホテルのバーで、暮らしと楽しい街づくりの夢を語り合った時間を忘れることはできません。何より現場の人でした。大学より街が似合っていました。ヨコハマの街を歩く姿が一番でもご一緒しましたが、シンポジウムや委員会できいきして、颯爽としていたと思います。なんで大学なんて行ったの、といえなかったのが痛恨の極みです。

近澤弘明　横濱まちづくり倶楽部副会長

都市デザイン室長の頃からのおつきあいです。はじめは頑固で硬い人という印象でした。そもそも横濱まちづくり倶楽部の立ち上げは小林会長と3人で話し合ってできた会です。横浜の中心市街地の街づくりを語るうちに私と同じ思いであることがわかり、それ以来クリエイティブシティ構想を軸に色々横浜市に一緒に働きかけてきました。インナーハーバー構想で未来につなげる大事な時期に旅立ってしまったのは返す返すも残念至極です。彼の志を残ったものたちが受け継いでいくことが重要であると思います。

恩師・北沢先生へ　鈴木伸治　横浜市立大学（国際総合科学部）准教授

私にとって北沢先生は、恩師であり、人生の目標となる人でした。国内外のプロジェクトを通して、常に次の時代の都市デザインを考えること、そして都市デザインの実践者となることを教えられました。幾度となく深夜の関内のバーで、熱く都市デザインについて語っていただいたことは、今からの私の人生にとって大きな糧となるでしょう。その内の幾度かは、後から奥様から聞いた話では、すでに病魔に冒されていたとのこと。申し訳なく思います。亡くなられる間際、ご自宅に呼び出された時も、「ということだから、後は宜しく頼む」と、いつもの調子でしたが、あの時北沢先生が本当に伝えたかったことを考え、その志を継いでいきたいと思います。

呉旻根（オミングン）　大韓国土都市計画学会景観研究委員会副委員長

私は1998年度初から今まで、およそ25の日本の自治体を研究のため訪ねた。訪問回数が一番多かった都市は横浜市であった。そして横浜市の都市デザインの主役の一人であった北沢先生に初めてお目にかかったのは、私が東大の協力研究員として在籍していた2003年度に、先生の「都市デザイン論」の授業であった。そして、先生に再びお会いしたのは2008年度の横浜創造都市国際会議であった。これからの横浜市の都市デザインに関する先生の発表を感激しながら聞いた。その国際会議の歓迎会で先生の共著「未来社会の設計」に先生の親筆サインをいただいた。この先もずっとお会い出来ると思っていたのですが・・・本当に残念だ。

あたたかい心遣い　片寄明季　福島県相双建設事務所企画調査課技師

初めて担当したワークショップで、学生やUDCKの方達と事前打合せをしていた合間に、考え方・進め方・役割などを丁寧に教えてくれました。そのことで不安が和らぎ、とてもうれしかったのを覚えています。「気さくなおじさま」の魅力で、人の輪が広がっていったのでしょうね。また、

北沢 猛氏へのメッセージと、思いでの場所・人の写真を集め、小冊子を作成し、「アーバンデザイナー北沢 猛を語る会 in ヨコハマ」において配布します。つきましては、下記の送付項目と共に、『北沢 猛さんにまつわる300字メッセージ』を送りください。また、『北沢 猛さんの思い出と関連した写真等（景色、物、図版、当時の北沢さんの写真、他）』がございましたら、ぜひメールに添付してください。

□ 送付内容
1. お名前・ご所属・役職
2. 連絡先 メールアドレス 又は、電話・FAX・住所などの連絡先
3. 語る会参加希望状況
4. テーマの番号（下記①～⑤から選択）
①未来への都市ビジョン　②まちづくりの運動体　③歴史を生かしたまちづくり　④文化芸術創造都市　⑤魅力ある空間デザイン
5. メッセージタイトル
6. メッセージ（300文字以内）
7. 思い出の写真データなど

□ 送付方法
送付内容や写真データなどをメールでお送りいただくか
送付用フォーマットを
http://urbandesign.sakura.ne.jp/kitazawatakeru/
よりダウンロードしていただき、送付先までe-mailに添付してお送りいただくか、郵送してください。

□ 締切：4月20日（火）

□ 送付先・問い合わせ
kitazawatakeru@urbandesign.sakura.ne.jp
(株)山手総合計画研究所 片岡
〒231-0007 横浜市中区弁天通3-48
県住宅供給公社弁天通3丁目第2共同ビル2F
※データは、基本的にメールで募集します。郵送される場合は、原稿は返却しませんのでご注意ください。
※文章、写真等は事務局で編集する可能性がありますので、ご了承ください。
※写真の著作権・肖像権等は、提出されるかたの方で確認をお願いします。

※北沢さんへの300字メッセージ募集（終了）のお知らせより

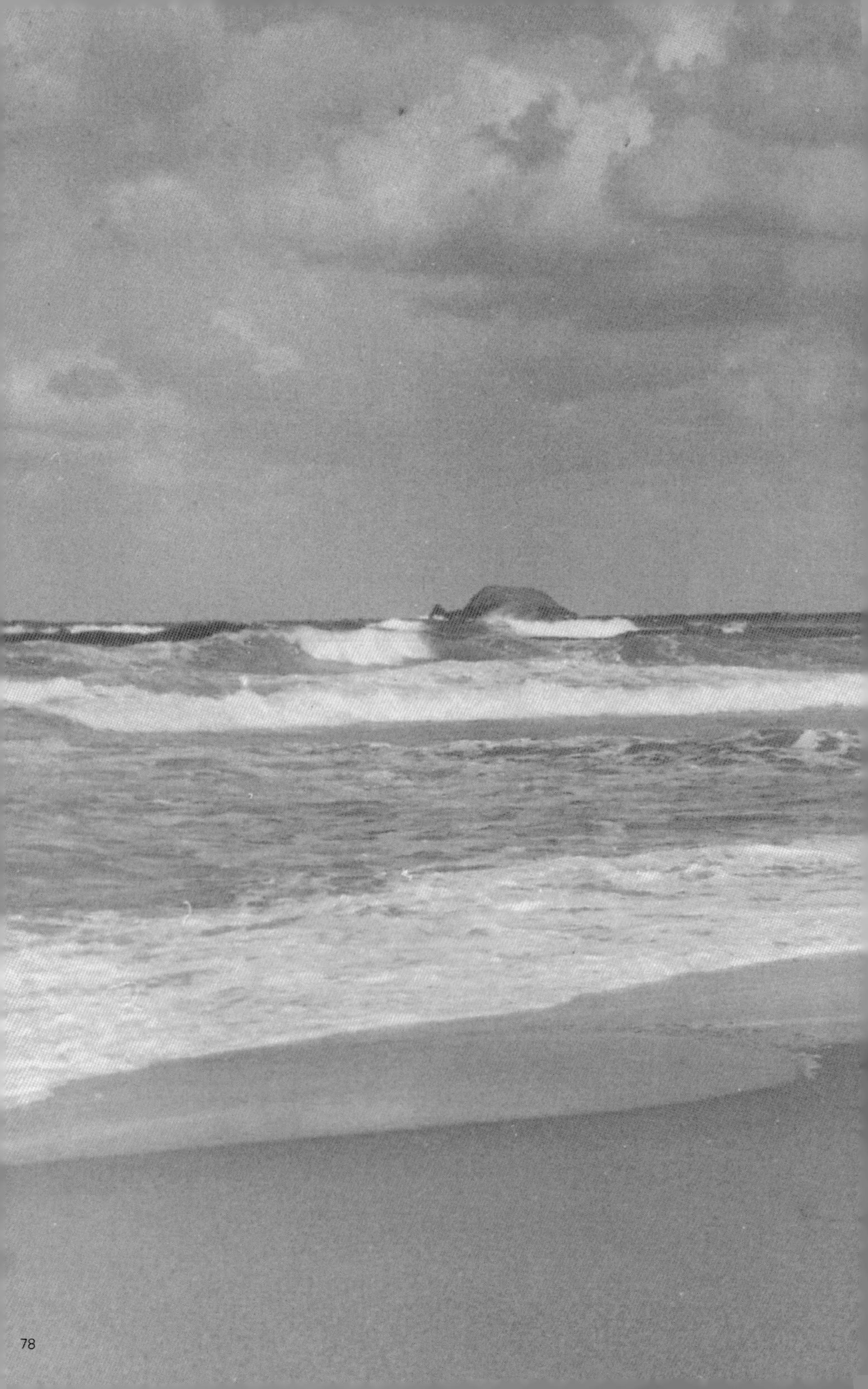

都市と共に歩む

アーバンデザイナー 北沢猛の原点

語り 北沢猛　口述筆記 北沢哲生

出生から幼少時代

1953年6月24日早朝に長野県塩尻市大門に生まれる。実際は母の里である塩尻市広丘郷原にある郷福寺の隠居家で生まれた。実家では祖父が製糸業を営んでおり、さほど大きくない規模で5、6人の近所のおばちゃんがいた程度である。最盛期には数十人の使用人がいたらしいが、それは祖父が群馬で商売を営んでいた頃の話であった。すでに生まれた頃には群馬を引き払っており、塩尻で細々と商売を続けていたのであった。郷原の方は叔父が住職を営んでいた。そのお寺には山門、薬師堂やお不動様もあり、立派な構えで古い町並みである宿場町、郷原村をいっそう引き立たせていた。現在は住職も代わり、遠い親戚がやられている。確か中学2年生の頃であったか、住職にならないかという誘いがあり、何日か考えた記憶がある。父親は昭和電工塩尻工場に技術者として勤めていた。父と母は同じ職場で知り合い、二人とも山が好きでよくハイキングをしたり、山の絵を描く工場のグループで一緒になり、そこでお互いに仲良くなっていったと聞いている。その頃、父が写真を、母が絵を始めており、二人の作品が数多く残されている。さて、この信州での生活は小学校に入る3年ほど前で終わる。兄、聡は信州で生まれても

う幼稚園児だった。私自身は4歳だった。その頃に父親が福島県喜多方工場に転勤した。これを契機にその後転校を数多く経験することになった。まず住んだのは会津の喜多方市豊川町であった。川にほど近い場所に立つ昭和電工の仮設社宅団地であり、家の前にドブ川があり、ちょっとした大雨ですぐに浸水してしまうような劣悪な環境であった。でもしばらくすると落ち着いてきて、名前を思い出せないが犬を飼ったり、父親は写真をやったり、母親は絵を描いたりと一家で楽しく暮らし始めた。まあ、でも、ドブに落ちたりもしたが、家の前のドブ川も遊び場所としては楽しい場所であった。犬を連れて川を散歩したり、川でよく遊んだりしたものだ。近くには磐越西線が走っているが、その鉄道でもよく遊んだ。幼稚園はバスに乗って20分くらいで行ける市の中心部にあった。我々はどちらかというと田舎者扱いであり、町中の子供たちはちょっとしゃれた着物を着ていた。行きはバスでいくのだが、帰りは田んぼの中を歩いて帰ってくる。これで料金を節約できたのだ。

都市と共に歩む　81

小学校時代

小学校は喜多方市立第二小学校に入学した。小学校は幼稚園より家から幾分近くなったが、ここもやや町外れにあった。ここでは校庭の裏が田んぼであり、冬になると校庭と田んぼが雪で覆われ広い雪原となるのであった。雪は子供たちがスキーをするくらい多かった。放課後は雪で遊び、私も親しい友と近くの裏山にスキーに行くのが日課であった。でも、あまりうまくないスキーでちょっとした冒険から、骨を折ってしまったのである。喜多方は雪が多い地方であり、多いときには屋根に届くほど雪が積もるのであった。当時は雪かきだけでも大変で、一家総出で屋根の雪下ろしをしないと雪で家がつぶれるほどの豪雪地帯であった。しかし、最近は雪も滅法減ったそうである。雪だるま、雪合戦、かまくらなどなど、雪にまつわる遊びは大変盛んであったが、今の子供たちはどのくらい知っているのかを思うとさびしいところである。スキー以外に小学校では放課後にソフトボールをやるのがはやっていた。もちろん、その頃の話であり、グローブは1コ、ボールは1コ、バットが1本という具合である。みな素手でボールをとったものだ。だから余計におもしろかったのかもしれない。グラウンドの近くに田んぼがあり、無限大に野球場があるようなものであった。喜多方は草野球のメッカであった。喜多方のラーメンが流行ったのもそれが一つの理由と言われている。早朝に野球の練習をして、時間がないなかで朝飯を食べるのにラーメンがぴったりだったのだ。ラーメンを食べて出勤、喜多方らしい暮らし方だった。スポーツと食事が好きな住民たちである。

さて、この頃にもう一人赤ん坊が生れた。1960年に弟（三男、至）が生まれたのである。賑やかになった我が家は少し大きめの一軒家に引っ越すことができた。ちょうど周りには同年代の子供たちも多く、夕方遅くまでみんなで遊んでいたものである。近くに清水のわきでる広場があり、そこでよく遊んだ。とげ魚（通称、とげっちょ）を中心に清流に棲む小魚がたくさんいた。この社宅には300人ほどの子供たちがおり、子供会という組織があり春秋には子供会と称して広場で芋煮会を盛大に開いたものである。こうした大人たちのイベントもたくさんあった。大変楽しかった。

話を学校のほうに戻すと、喜多方は文化芸術に力を入れていた。よく写生会や音楽鑑賞、映画鑑賞などが行われていた。今考えれば超一流の音楽が聴けたり、映画が観られたりしたのである。残念なことに当時ちゃんと聴かなかったことを今は後悔している。勤労会館（演劇）などの多目的ホールで当時としては非常に珍しいものであった。ここでよく夜に演じられ、多くの人が集まってきた。田舎町にしてはしゃれた演目が多くならんでいたものである。

第二小学校三年生の時に社宅ではあるが居住地が変わった。もう少し北側に移動したのである。移動した諏訪町は町外れと言ってもよく、ちょっといくとお墓や養老院、救護院、母子寮などがあった。しかし、国鉄や専売公社の社宅もあって、いわば高級住宅地といった側面も見られるようになった。専売公社の南側に我が家があった。その先には畑もまだ多く、特に桐畑が広がっていたのが印象的であった。その桐畑は一家が一本植えるという習わしがあった。それは、娘さんが大きくなって嫁入りするときにちょうど一竿のタンスとなるからである。喜多方の有名なものの中に桐箪笥、桐下駄、桐製品があるのは有名な話である。

町中には13軒の造り酒屋があった。そのうちの2、

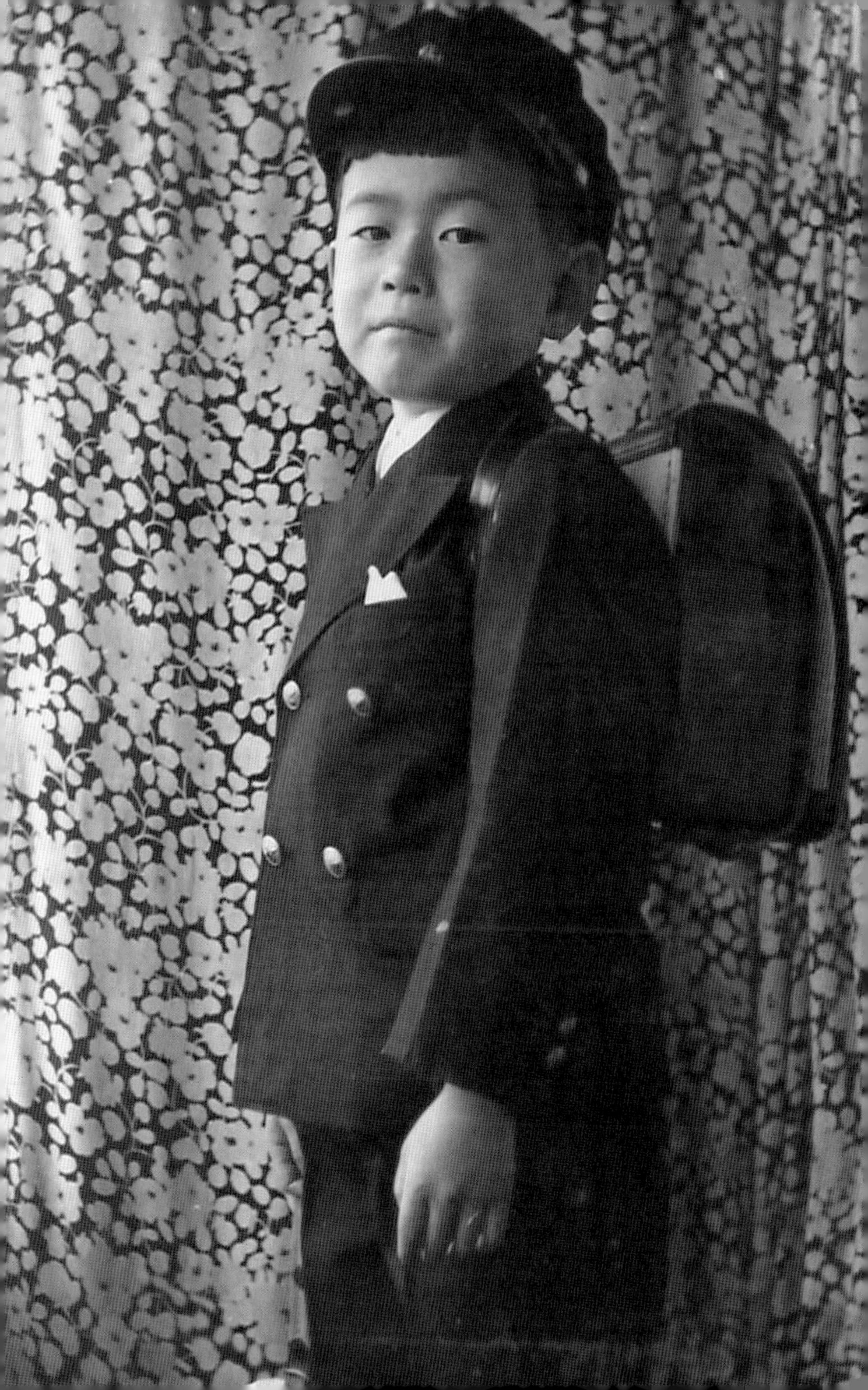

喜多方時代の先生と再会

3軒は同級生がやっている造り酒屋であった。ただ、残念なことにその2、3軒はつぶれてしまった。僕の1年上の先輩も含まれている。酒屋に行くと酒蔵の独特の匂いがしたものである。また、醤油蔵、店蔵は独特の匂いをしていた。当時はあまり気がつかなかったが、蔵によって店の味も変わってくるのだった。もう使わなくなった蔵に卓球台が置いてあった。放課後はよくその家で卓球をやった。もちろん学校でも卓球部に所属していたが、どういうわけかこの蔵の卓球場の方が好きであった。小学校6年の頃の担任の先生は卓球部の面倒も見ていたが、大変優しい先生であり、私が習った先生の中でも一番の美人であった。

酒屋の話をしよう。酒屋の銘柄は「年男」という名前であった。現在その空き地はメイン商店街のドまんなかであるが、スーパーに売却されてしまった。隣接する佐藤弥右衛門が、その一部の酒屋の蔵だけを買い取って移築したのである。そこには今は小さな蔵の博物館ができている。その年男と弥右衛門の間の路地は、細い路地だがお祭りなどではよく使われる。また神道ともなっている。ちょっと先には喜多方川の神事を司る北宮諏方神社がある。お祭りはいつも佐藤弥右衛門の前で芸を披露して進んでいくのであった。本通り（商店街）には友達の店も多く、よく遊びに行く場所であった。新島（雑貨屋）は店蔵が4軒もあり、遊ぶには楽しい場所であった。左手の奥には路地があり、ここには小さな商店街があった。ここに菊池時計店という古い時計屋があるが、今でも続く古い時計屋でもあるが、ここには親友がいてよくこの路地を通って帰ったものである。何の変哲もない路地だが、懐かしい匂いがする。まだ、彼はそこで時計の修理をし続けているだろう。

さて、その時は副組長だった私はよく佐藤先生に頼まれて放課後残ったパンを持って、欠席した子供の様子を見にいったものである。生意気な返事をする子が多い中、蔵を改造した暗くて、小さな住宅に一家全員で住んでいる貧しい家もあった。南町の話。喜多方は一つの街として栄えてきたとはいえ、城下町ではないのでどちらかといえば街道筋の町民地であった。酒造りや味噌造り、漆や竹細工などを扱い、さらに酒などの売買を通して反映した商家町である。そこには南町と小田付という街が川を挟んであった。この二つの街は、またいくつかの街で構成されていた。その間にある田付川をはさみ、お互いに決して仲はよくなかった。お祭りも氏神も別であった。小田付ではお盆に行われる盆祭りが盛大であり、神輿まで出て盛大であった。南町は正月の市が盛大で近郷からも買いに来る者が多かった。南町では大善家が、北町では甲斐家が中心となっていた。その下に「大店」と呼ばれる商店や造り酒屋が集まっていたのである。また、各町の「大店」が街や組を通して、あるいは善や講を通して地域の縁を深めていたのである。喜多方では昭和電工が戦後の昭和30年代に駅の南側の新しい土地を開発して作られたものであり、その際に非常に多くの人がこの街に入ってきたのである。その人たちはそうした組や善といった組織には加盟しなかったので、お互いに仲があまりよくなかった。そうして喜多方市内には3つのグループができてしまったのである。とはいっても、子供たちのことであるから、それはそれで毎日楽しく遊んで、3つのグループも遊んでいたのである。

中学校時代

さて、喜多方市立第二中学に進むと、今度は慶徳村や松山村、下之山村、上之山村などが入ってきて、3つのグループが4つのグループに増えるのである。新しく入ってきたグループは一部では会津誉などの造り酒屋があったりしたが、農家が主体であった。私は農家の友達がこの頃多くできて、よく農繁期には農地の手入れに参加したし、農閑期には山の下草刈りなどに参加した。これらは思った以上に大変な仕事で、農業の厳しさ楽しさを知ることができた。よく農家に遊びに行けば、庭にある柿や干し柿、そして凍り豆腐、大根などをもらって帰るのであった。なかでも、柿は一家に一本大きなものがあり、蔵の街喜多方に農家の土蔵がたくさんあり、これらの土蔵と一緒になると干し柿や干した大根も絵になるというものである。

学校では中学校のテニス部に所属していたが、あまり強くはなく、いつも4回戦くらいで負けていた気がする。どうも、この頃から気が小さい性格が出てきてしまったようだ。しかし、勉強では学年の4、5番にあり、当時は学区もなく優秀な学生が集まる福島県立会津高等学校のある隣町の会津若松市に通うことが多く、私もそうなる予定であった。小学校の間に一度転校し、中学でまた転校することになる。

街の中心部の繁華街には電電公社、デパート、料亭街、飲み屋街などがあり、繁盛した街の近くに第一小学校があった。昔、鉄道建設の話が持ち上がり、鉄道をなるべく繁華街などの近くに敷くことが議論された。鉄道建設は街を大きく二分させることとなる。街を二分するような鉄道はよくないという意見となるべく中心部に鉄道を敷くべきだという意見が対立していたのである。酒屋さんたちは街になるべく近づけようという案に賛成だった。中には反対する意見もあったが、街を発展させようとする街の有力者たちがいたのだった。結果的にぎりぎりのところで街に近いところに敷くことでお互いに妥協するということとなった。街には酒屋商人を中心とした商家グループがあり、一方で、漆物や桐工芸を中心とした工芸グループがあった。

話を学校に戻すと、今度は家から近くの第二中学校に行くことになった。第一中学校は街の繁華街の近くにある。第二中学はたくさんのグループの子供たちと付き合うことができてとても楽しい学生生活であった。ちょっと悪さをする学生もいたが、仲良くできたのもこの頃である。中学三年生といえば自分の進路を考え始める頃であった。その頃ちょうど、先ほど話した母方のお寺の住職から父に正式に養子に来ないかと申し込みがあったのである。またそれへの答えを考えながら自分の本当の行く進路を考えなければならなかった。一つには、幸いにも成績が良かったので福島県立会津高等学校、東北大学と進み理学や化学を目指す研究者になることを考えた。もう一方では、多少絵が得意であったこともあり絵描きなどの美術家を目指そうと思った。そうこうしている内に、転校する日は迫ってきていた。これも、縁のある話だが、横浜に行くことになったのである。

「横浜への転校」

父の仕事は昭和電工本社勤務ということになり、横浜市磯子区の社宅に引っ越した。横浜はちょうど中学三年の秋に修学旅行で訪問した地でもあった。まだ米軍のにおいがするバタ臭い街であったが、港の見える丘公園など港が一望できる場所がたくさんあったことに感動した。当時の氷川丸はまだユースホステルをやっており、仲間6人と一つの部屋に3段ベッドで泊まったことが懐かしく思

都市と共に歩む　85

える。後にも先にもこうした船内に泊まることはなかった。船の3段ベッドで寝るなどは今となっては体験できないことだろうし、珍しい経験ができたと思う。やはり港や海は我々にとってなくてはならないものであると感じた。いやまあ、他にも重要であるが、やはり海の偉大さにはかなわないものである。

修学旅行を終えて、喜多方から浜中学校に転校してきたのである。浜中は小高い丘の上にあり、海を望むことができる最高の土地であった。毎日学校に行くのが楽しみでならなかった。しかし、山の中からぽっとでてきた中学生には都会の中学生の雰囲気にはなかなかなじめないものであり、初日に手痛い洗礼をくらった。こっちは丸刈りに斜めにかけた鞄であり、つぶしてない帽子という真面目な学ランスタイルであった。おまけにひどいズーズー弁であり、あっという間にいじめの対象となったのである。横浜に転校してきたのはもう三学期であった。横浜にはアチーブメントテストがあることを知らず、学区制があることすら知らなかったのである。どこの高校に行きたいかと問われて、高校の名前すら知らないものであったから、唯一知っていた湘南高校と答えて失笑をかったものである。しかし、田舎出の割には勉強はでき、三学期のテストであっという間にクラスのトップをとってしまったのである。学区内ではもっともレベルの高い横浜緑が丘高校を受験することとなった。がしかし、アチーブメントテストの点数を持っていないので当日の一発勝負となった。試験会場に行ってみればこれまた雑然としたものであり、この連中と三年間勉強していくのかと思うとうんざりする仲間たちであった。がしかし、個性派揃いの生徒たちといえばそう云えて、後の自分の生き方にも大きな影響を及ぼしてくれた。

「音楽の趣味」

中学、高校を通しての趣味と言えば音楽、特にギターがあげられる。クラシックギターは中学の早い頃に父に買ってもらった。ギターの勉強は高校生なのにプロ級の鶴見君に習った。エレクトリックギターに本当は興味があり、これは中学の自分には到底手の届かない代物であった。特に喜多方では唯一の楽器店であった山野音楽店に毎日寄って店頭に飾られた真っ赤なエレキギターに見とれたものである。毎日行くと店主とも顔見知りになり、値引きしてあげるから買いなよ、とまで言われたが、値引きされた値段にも到底届くものではなかった。そこで思いついたのが自分で作るということであった。

堅くて目の均一な風呂釜の木を使い、主要構造部を作り、ネックも自分で工夫して作ったのである。パーツはクラシックギターのそれを援用することができたが、主要部のマイクロフォンは高価ですぐに手に入らなかった。そこで軽微なハモニカマイクを手に入れ、これを援用することにした。ネックも当然お手製であるが、ネックの幅やネックを押さえるビームの幅を書いたものが見あたらず、自分で楽器店に放課後走っていっては、計ってメモを取ってきたのである。それに模型材料を使って、木工道具で風呂場の木で作ったネックに埋め込んでいったのである。ここが一番難しいところでちょっと位置がずれれば、音が変わってしまうのである。ようやくできあがってきた頃、二人のギター仲間（中川さんと星さん）が出来て、一緒にレコード、楽譜を買い集める仲間となった。これをアンプにつないで放課後に家で練習をしたが、家の者からはその雑音はやめてくれと懇願されたものである。音楽の話はこれまでである。

高校時代

高校一年生はFクラスで過ごすことになった。その後、だんだん理系クラス、文系クラスに分かれていくのだが、最初はその区別もなく、和気あいあいとやっていた。Fクラスは今でもときどき同窓会を開いたりする仲の良いクラスであり、ここにはどういうわけか喜多方の昭和電工の社宅で過ごした小池研二君もいたのであった。緑が丘高校は旧制第三高校という歴史ある学校であった。当時は根岸線山手駅からほど近い山の上にあり、米軍の接収地（住宅地）と地続きであり、また遠くには横浜港、そして東京湾を望める環境の良いところであった。米軍の子供たちが遊びに来たり、クラブ活動で接収地（キャンプ）を使ってMP（米軍憲兵）においかけられることもしばしばであった。また、年に何回かはアメリカのMX（スーパー）が公開され、お祭りが開かれて、日本人、米国人ともに楽しむことが出来た。意外に和気あいあいとした地域でもあったのである。

さて、高校ではテニスをやってみようと考えたが、軟式テニス部しかなく、父親がやっていた硬式テニスにあこがれていた自分としてはやや物足りなく、あちらこちら探している内に、選択肢が少なくなり結果としてやや物珍しいフェンシングを選んだのであった。フェンシングとは名前は派手であるが、やる内容は非常に地味な運動の反復であった。とにかく、同じことを頭にたたき込みますのであった。その意味で練習は単調であり、繰り返し、繰り返しの連続であり、辞めていく部員も非常に多かったのである。最盛期でも十数人の部員を抱えるだけであり、OBの熱心な支援がなければ潰れていたクラブの一つかもしれない。フルーレ、エペ、サーブルという三種目とその合計でやる総合科目とあり、競技数はかなり数多くなったものである。大きな学校は選手も多く、それぞれのスペシャリストを育てて試合数も減らしているが、我が弱小クラブでは一人で数種の競技を担当しなければならず、一日の試合もまたそれだけ多かった。県大会ではせいぜい一回戦か、二回戦敗退であり、強いのは湘南高校などの公立高校と法政大学、慶應義塾大学などの私立学校に限られていたのである。これは経験のスポーツだけに、中学に経験者の多い学校がどうしても強くなるのであった。緑が丘高校はその中ですべてが中途半端であり、進学校でもなく有名私立高校でもないため、経験者、もとより優秀な部員を集めることは不可能であった。従って練習場にもなかなか恵まれず、体育館の片隅、よその部のボールを受けながら練習しなければならなかった。しかし、何かこのフェンシングというスポーツには魅力があって、最近のオリンピックで太田選手が準優勝になるなど話題になって、ようやく世間に知られるようになった。東京オリンピックで男子フルーレ団体が4位に入賞して以来の快挙であり、その美しく証明されたピスト（試合場）の上での競技は後継者が増えることを予測させるものである。まあ、しかしどのスポーツも共通だが、地道で汗臭い練習の積み重ねの中でしか栄光は手に出来ないのであった。

さて、学業のことであるが、これも学年でいつも10番以内ほどを維持していた。ま、かといって相当に勉強することはなかったので、ある程度の自信はあった。同級生には内山君、山内君などが友達であり、今でもときどき元町とかに集まる。最近復活したこの高校時代の友人たちは、岸君や鉄山君などいずれも楽しいメンバーで山手や元町を舞台によく遊んだ仲でもあった。当時の高校と言えば先ほども行ったようにまだ米軍が残っている時代である。やはり、知らず知らずにアメリカの文化の影響を受けるもので、僕らは鶴見君

（ピアノの達人）の紹介で米国人が開いている英語の教室に通っていたのである。高校から山手のその教室にかけての道には、フェリス女学院と共立学園、あとセント・ジョセフ・カレッジ、インターナショナルスクールなどもあった。変わったところでは水上学園があった。ここはまさに水上で生活する人の子供たちのための学校であり、その頃まだ水上生活者は数多くいたという印象でもあった。

「山手の丘」

港の見える丘公園は我々フェンシング部がランニングで学校から来るところであり、ここでゆっくり柔軟体操をして帰るのであるが、ここには文学記念館などの文学を記念する記念碑が数多く立っている。それは戦前戦中戦後をかけて大佛次郎や谷崎潤一郎・・・などがここに住み、文筆に専念した場所でもある。さて、今でこそ展望台が整備されているわけであるが、当時はまだ簡易な物であり、港の見える丘公園とはいっても名ばかりのものであった。それもそのはず、港の見える丘公園が出来たのは戦後の時代であり、まだ新しい施設なのである。公園の右端にはイギリス館が清楚な姿を見せているが、これは横浜市が比較的早い時期に取得だけはしたものである。イギリス公使が住んでいたのはここが歴代イギリス駐屯地であったからで、後に横浜市が取得したのは昭和30年代になってからだ。空襲で爆撃を受けた山手の土地があるが、西洋の学校や教会、外国人の洋館など戦前の遺構を、あるいは居留地の遺構を数多く残しており、その異国情緒は維持されていた。山手の丘には緑が深く残り、最近でも狸のつがいを見ることが出来るほどである。

山手地区の歴史は古い。1866年の江戸関内大火で日本人町から出火した火は日本人町、外国人町を焼き尽くした。これにより、外国人町側から建物の規制改正や道路の拡幅、公園の設置などが幕府に求められた。その内容をまとめたものが、第三回地所規則覚え書である。第三回とあるように今までも居留地（関内）の衛生や放火、道路などを巡って居留地側と幕府側は常に対立を繰り返し、街づくりの方針に合意することがなかったのである。無論、微々たる改築は進んでおり、元町のお寺の移転により掘割が完成したり、山手地区には

小さな公園が作られたりしたものである。しかし、根本的な街づくりは手が着かなかった。この災害を契機に幕府も山手改造に手をつけざるを得なくなったのである。これらの事業は各々の事業の大きさにもよるが、それから13年かかり、明治20年までには完成（ほぼ完了）するのである。

山手居留地は第三回地所規則の中でも非常に重要なポイントであった。それまでは小高い丘に農地などが広がるのんびりとした場所であったが、一躍時代の先端を行く住宅地として整備されることになったのである。しかも、それは住宅だけでなく、学校や病院、コンサートホールなどの文化施設、公園や緑地など複合的な街として作られたのである。まさに欧米の文化の集合体であった。日本人はこの街に働き、住み、遊ぶことで、欧米からの文化を直接取り入れることが出来たのであった。ゲーテ座ではヨーロッパから直輸入のまさに現代演劇が行われていた。こうした場所には日本人も出入り可能であり、広く外国人と文化を共有することが出来た。マラソンが終わってしばし休憩の時間に港の見える丘公園に一人ボーと座って、当時を想像することも楽しいことであった。山手の丘などには風車があった。その風車で水をくみ上げて生活用水に使っていたらしい。ごく最近までその優美な姿を見ることが出来た。

こうやって山手の丘を書き出していくと、一件一件思い出深いエピソードがある。山手の石積みはいわゆる「ブラフ（崖）積み」と呼ばれるもので房州石で出来ているものであり、また道路との境に目をやれば房州石で作られたU字溝がある。これは長崎や神戸の居留地に共通に見られるものである。横浜市入庁後のことであるが、我々はこれを「ブラフ溝」と名付けた。こうした調査は1980年代の初めに当時横浜開港資料館の学芸員であった堀勇良氏（建築史家）の分析や調査がなければ出来なかったところである。彼は初めて山手地区の洋風建造物の調査に入り、独自に港の見える丘公園から根岸台までを走破して、残された歴史的洋館をリストアップしたのである。その後、我々有志が集まり彼を助け、毎週末になると実地調査をしたのである。当時、このような歴史的なものを残すということは、横浜都心部の政策や計画においてはまったく一顧だにされないものであった。

「米軍接収地」

新本牧地区は、元はハウスと呼ばれる米軍の宿舎が建ち並んでおり、我々はその横を走ったものである。スティームのパイプや白っぽい色に統一されたハウス、緑の芝生、どれをとっても日本の市街地にはないものであった。そこを駆け抜けてまた高校側に戻ってくると、小高い丘であるこの丘を一気に駆け抜けると米軍の石油タンクがあり、ついで将校用のハウスが転々と丘の上に見えてくるのである。将校用のハウスはそれなりに立派であるが、特に司令官ハウスはフランス瓦を乗せた上品な雰囲気を漂わせていた。その前を通って、しばらくいけばもう学校が見えてくるのである。根岸の競馬場のスタンド、元町商店街、フェリスなどのある山手本通り、港の見える丘公園、米軍のハウス群、そして司令官ハウス、これらを巡ってくると小一時間のいい運動であった。

さて、緑が丘高校は自由な校風に恵まれて、我々学生も相当に自由なことをやらせてもらった。私は中心的メンバーではなかったが、当時盛んであった全共闘のオルグを受けて、そちらに本格的に関わる学生も多かったのである。私自身は高校時代にはすでに兄と一緒に中国共産党の党友となって

都市と共に歩む　89

おり、赤単を始め各種日本語で書かれた思想書を持っていた。なにかそこに、とてつもなく大きな意味があるように感じたからである。二年生になるといよいよ活動も盛んであり、クラス討議での学級閉鎖、ロックアウトなどをやったのである。まあ、しかし外に出るわけではなく、少しデモに手伝いに行く程度であった。おっかなびっくりの全共闘であった。高三になるとそれぞれの進路にあわせて受験勉強に邁進し始めるのだが、私はどうも何をやるかを見い出せずに、それでも理数系をやろうということで、そういうクラスを選んだのである。緑が丘高校は名前の通り丘の上にあり、ちょうど米軍の司令官ハウスなどのある丘と地続きとなっている。であるから、米軍から再三に渡って土地が欲しいほしいと言ってきた。しかし、それだけの絶好地であり、下は狭い住宅地がみっちり張り付いているが、屋上へ上ると狭苦しい日本の住宅地とゆったりとしたアメリカのハウスを対比的に見ることができたのであった。この矛盾はどこから来るものであろうかと、横浜を一望できた屋上のテラスから望みながら考えたものである。高校に来るには根岸線山手駅からちょうど15分登り道が続く。この登り道の最後は桜並木になっており、春には桜のきれいな花が我々を迎えてくれたのである。根岸線山手駅は我々が使う駅であるが、名前と現地の雰囲気はずいぶん違うものであり、狭いロータリーにバスが行き来し、数軒の店があるだけであった。この駅を使うのは緑が丘高校と聖光学院の生徒が主であった。あとはそこから電車道のほうに伸びる大和町商店街という歴史ある商店街が延びていた。この商店街には古い魚屋や肉屋や豆腐屋や銭湯などが建ち並び、昭和初期の風景がそこに残されていたのである。我々も時にはこの商店街を使い、さらにいくと横浜市

電道があり、まだかろうじて残っていた市電が芦名橋と元町をつないでいて、たまにはこれを利用したのである。市電があった千代崎町などの界隈は賑わいがあったが、今では大和町、千代崎町ともに見る影もなく寂れてしまった。この市電通りをちょっと米軍基地側に戻ると我々のマラソンコースに出会うのであるが、ここには有名なリンディを始め、米軍のディスコやクラブが軒を連ねていたのである。まだ街にはそういう雰囲気が残されていた。

「大学受験」

高校の卒業が近づいてもまだなお進路を決められずにいた。理数系ということで当時は数学をやりたくて早稲田の数学科を本命に東大の理科一類、それから滑り止めに横浜国大の建築を受けた。建築は兄が建築学科に進んでいたせいもあった。まあ、とにかく数学という真理を追究しわからないことを解き明かすという学問に憧れていたのである。しかし、早稲田の数学科はあっけなく敗戦し、東大の理一もだめで、横浜国大の建築だけが受かった。そこではたと考え、やはりもう一度数学をやろうと決めて予備校生活へと入っていく。当時の予備校はなかなか難しく、入るための試験に相当力をいれなければならなかった。幸いにも140番台でこれに入ることが出来た。確か、300番台までがAクラスで特別にいい先生があてがわれ、周りの勉強に対する姿勢もしっかりしていたものである。ま、その中でも最初に成績順で座席は並ぶのであるが、たまたま隣あった三人はどういうわけか仲が良くなり、勉強の息抜きに新宿西口やビアガーデンなどで友好を深めたのであった。勉強の合間には喫茶店で世の中の談義をし、夜にはビールをかたむけながら世論を論じたものであっ

大学時代

た。この三人がバンドを組む。坂東君といい米満君といいその後今日まで年賀状をやりとりしたり、たまには電話をしたりする仲である。まあ、逆に言えば予備校時代の唯一の親友たちである。

さて、それぞれ三人とも進路は違い、坂東君は東大の機械科を目指し、米満君は東北大学の医学部を目指し、私だけがちょっと中途半端に東大の数学物理を目指したのであった。三人が切磋琢磨することで、ますます仲も良くなり勉強もはかどるようになった。今は予備校の校舎は立派であるが、当時の校舎は冷暖房もろくになく、机もベンチシートで一人あたりの幅が40センチ程度しかなく、勉強の環境としては最悪であったが、その熱気たるやものすごいものがあった。さて、受験結果の発表の日となり、それぞれ自信満々であったので、終わってから集まり祝杯をあげたのであった。予備校時代はときたまの三人の息抜き以外はそれぞれに集中して勉強していた。おそらく、一日平均15時間は勉強していたのではないだろうか。受験勉強と言いながらもあちこちに脱線していき、文学や哲学、数学など最先端の本に触れることも多くあった。それが今の三人の基礎となっているのかもしれない。受験勉強と言っても、たんに受験問題を解いていればいいというわけではない。これは、大学まで続けた習慣であるが、漫画でも哲学書でもほぼ一日に一冊を読むという習慣がこの時期に身についたのである。しかし、予備校生たる風体はやはり予備校生であり、とてもではないが格好のいいものではなく、女性との話は何一つなかった。しいていえば、高校時代はそれなりにもてたので、すでに先に大学に入った女学生にときたま声をかけられたが、それはそれ、予備校生と大学生の差があり、なんとなく疎遠になっていったのである。

大学へ入学した我々を待っていたのはいきなりのストライキであった。その年に学費を12,000円から36,000円へと上げる案が当局から示され、それに反発した学生がストライキなどの活動を始めたのであった。以前の東大紛争に比べればスケールは小さいが、久しぶりの大学紛争で我々も盛り上がっていた。しかし、紛争はセクトに分かれており、活動はまとまらず内ゲバが中心となるような活動となってしまった。我々もクラス集会などをやり、先輩のオルグを聞いたりしていたが、どうもピンと来ないものが多かった。それまでの私といえばどちらかといえば左派穏健派であり、中国共産党に共鳴する立場であった。であるから、適当なセクトが見つかればおそらく活動分子として精力的に戦っていたであろう。しかし、そうしたものも見つからず、授業中に階下で学生がむなしく殴り合うことを知ると、こうした活動に疑問を持つようになったのである。そこで思いっ切り路線を転換することとして、まず三島由紀夫や林房雄の本などを読み右翼の思想を勉強することとなった。と同時に生活習慣も毎日本を読むことは変えずに、また体育会系に戻っていったのである。体育会系もまたいろいろとのぞいてみたが、結局は高校時代にやっていたフェンシング部を選ぶこととした。ちょうど出来て4年目という若いクラブであったことも一つの魅力であり、主将を務めていた中村さんという京大から転入してきたという人のキャラクターに惹かれていったのである。4年生にはこのほかに関沢さん（後に弁護士）など多種多様な人材がいておもしろいクラブであった。当時、フェンシング部はようやく東大体育会にその地位を認められ、部費が大学からも支給されていたが依然弱小の小さいクラブに過ぎなかった。私が入ったときでも20人程度しか部員がいなかっ

たように思う。練習は厳しいが、その後の飲み会などでの先輩たちとの交流は非常に楽しいものであった。練習は週3回と少なく、どちらかというと勉強とスポーツを両立させる文武両道を目指す姿勢であった。であるから、関東リーグ戦では最下位の4部に所属し、さらにその4部の下位に低迷していたのである。これではいかんということで、強化合宿や他校との交流試合（全国国公立大会、関東国公立大会）、京都大学との定期戦、東京工業大学との定期戦などと幅広く相手を見つけて戦いの練習に励んだ。また、それぞれに、例えば私で言えば新宿フェンシングクラブなどの私設クラブに通って技を鍛えたものである。そして徐々にクラブの力も強くなり、翌年の大会では4部で優勝し、次に入れ替え戦でも勝利し、次年度からは3部で戦うことができるようになった。

私は3年生途中から部の主将となり、副将は現在の京都府知事の山田啓二君であった。この年は部員も多く、最強のチームと呼ばれた。そして、私が4年生春の関東リーグ戦のときには3部で戦い、見事に優勝した。その後の入れ替え戦の相手は2部で最下位であった国士舘大学であった。種目の

構成はフルーレ、エペ、サーブルという順番であった。審判は上位のリーグから選ばれることになっており、このケースで言えば国士舘大学、慶應義塾大学、専修大学、中央大学などであった。また、当時の判定方法はフルーレとエペは電気信号によるものであるが、完全に電気信号による判定が出来るのはエペだけであり、後は審判の裁量で決まるものであった。特にサーブルは審判の目によってその技が決まるかどうか判断されるものであった。この2点から下位のリーグにいる大学は非常に不利な戦いを強いられることになる。事実、東大と国士舘戦はフルーレが接戦で負け、エペは圧勝であったがサーブルは惨敗という結果に終わり我々の2部への夢は潰えたのであった。試合後の反省会は東大のクラブ活動としては珍しく涙々で終わったのである。

さて、教養学部の授業に移ると、これはまた高校と違い少人数の講義が多い。英語やドイツ語の講義はすべてその言語で行われ、倫理や哲学などの講義はきわめて少人数で行われていくのであった。従って予習が欠かせない講義であった。また、幾何学や微分積分などの授業も高校までの授業とは

イルと全く違い、これまた予習をしていかねば全く理解の出来ないものであった。我々が所属した1年9組というクラスにおいては、まあクラス活動こそ活発でなく、せいぜいそれぞれの授業ノートが回ってくる位のつきあいであった。まあ、しかし何人かは友人がそこから生まれていった。高校時代からあまり女子学生と付き合うのは上手ではなかった。これは今の自分の子供にも遺伝してしまったようだ。それでも何回か付き合うこともあり、仄かな恋を楽しんだものである。

「都市工学科時代」

東大には教養課程から専門課程に進学する際に進学振り分け制度というものがある。これは特に理数系の学部に多いのであるが、細かい専門的な特質を教養課程の二年の間に身につけて自分にあった学部を選ぶという趣旨である。従って人気のある学科もあれば、不人気となる学科もあって、その競争は激しくなっていった。この進学の決め手は簡単で学生の成績によって決まるのである。体育の実習から数学の試験まで含めた上での成績である。

さて私は理科一類にいたので、理学部もあり物理や数学などを含むもの、さらに応用化学から機械、船舶、自動車、精密機械、電気、電気電子、建築、土木、都市工学と幅広い工学部を選択することができた。当時流行であったのはやはり建築学科であり、次に都市工学が競い合っていたのである。どうも理由ははっきりとしないのであるが、単に工学ではなく、社会学や美学、美術史、保健衛生など幅広い分野をカバーしていたからであろう。また、教授陣も世界に冠たる建築家たちが構成しており、魅力的なティーチングスタッフであった。私自身は前にも述べたように、建築に打ち込む兄がそばにいたのと機械の技術者であった父の影響を最終的には受けており、なかなか選択には迷いが多かったが、丹下健三や大谷幸夫がいる都市工学科と槇文彦らが率いる建築学科が残った。で、結果的には大谷幸夫の作風を見て、都市工学科を選んだのである。点数は十分にあったので楽々と都市工学に進学することができた。工学部第8号館の都市工学科は比較的、学科としても新しく、私は都市工学科12回生（12期生）であり、まだまだいろんな意味で活気ある学科であった。

特に他の学科と違うのは広い演習室を持っており、ここで計画や設計をするとともにいろいろな学生同士、教員同士の議論をする場所ともなっていた。まあ、しかし、汚いことは東大随一であったかもしれない。あちらこちらに図面や模型の残骸が転がり、たばこの吸い殻や食べ物のカスなども散らかっており、自由と不潔さが同居していたのである。入り口を入ると丹下健三先生や大谷幸夫先生の作品も当時は展示してあり、毎日それらを見ながら演習室に籠もり、作品を作っていたのである。3年生の秋には短期のおよそ2週間程度の設計演習があり、当時は建築学科教授の槇文彦先生がこの担当にあたっていた。都市工では中間、最終などでジュリー（講評会）を行うが、基本的には全員の作品に先生がコメントをするある種平等なスタイルで進められていた。しかし、建築学科のスタイルは優秀な作品にだけコメントするもので、他の作品については一言もコメントをつけないのが習わしであったらしい。都市工の計画の学生は1学年32人の少人数であり、一人一人コメントする時間はあるのであるが、優秀な作品に丁寧にコメントをつけていった。槇先生がコメントをしたのは、確か4、5人だけであったと思うが、私もその中に含まれていたことはその後の進路に

大きな影響を与えた。他には、大方潤一郎君（現東京大学教授）や大江守之君（現慶應義塾大学教授）などがいたと記憶している。

2年間に渡るスタジオや卒業設計は週3日午後すべての時間を使っており、この中での討論やエスキース、デッサン、さらにプランニングやアーバンデザイン、建築の設計と多様な武器を身につけていったのである。しかし、先生はほとんど教えに来ることはなく、非常勤講師であった土田旭さんや助手の日端康雄さんなどがたまに顔を出すくらいであった。先生との本質的なディスカッションはなく、学生同士で未来の社会を語り、身近な生活を描いていったものである。この作業を通して、私は自分の一生の職能をアーバンデザイナーとすると決めたのであった。

「アルバイト経験」

先にも触れたように、左翼の少年であった大学入学時、その後の挫折感から三島由紀夫に傾倒し、右翼の少年に転向していった。そこでまず、体を作ろうと色々クラブを物色した結果、少人数ではあるがおもしろそうなフェンシング部（体育会系）を体育館の片隅で発見し、入部を決めたのである。最終的にはキャプテンまで務めて、これもその後の仕事に役に立った。また、この部費、クラブの活動費を稼ぐために色々アルバイトをやるが、たまたま兄の紹介で早稲田系列の計画設計事務所にアルバイトにいくことになった。マンションの一室を使った小さな事務所で高田馬場にあった。大手事務所から独立した方が社長で、当初スタッフが2、3人いたが仕事が少なくなり、社長と私と私が誘った学友の大方潤一郎君と金子順一君（現和歌山大学教授）の三人で働くこととなった。アルバイトといっても社長は事務所におらず、仕事をとる営業で一日走り回っているようであったが、実態はよくわからない。仕事をとってくると我々三人で設計をしたり、計画をしたりするのである。なにせ時間がないので2ヶ月で公園を設計したり、大きなところでは雫石市の総合計画を作成した。これは大方君が中心となり作ったもので、発表の当日になり社長が突然ぼくは行かないと言いだし、僕と大方君と金子君が説明に行った。まだ、大学3年生でありスーツも持っていないので短パンにタンクトップという出で立ちで説明に行った。

その後、事務所は経営危機に陥るが、経営危機になる度に社長がどこからか金を工面した。我々の給料を工面したり、足りない場合は新宿のバーで一杯おごって貰った。

たまに大きな仕事も来るようになり、住宅見本市で未来都市を展示するということでその設計から制作の一切を受注したのであるが、途中で社長が前渡し金を使い込んでしまい、非常に苦しいプロジェクトとなった。かろうじて配置設計は我々が完成させ、いざ模型を作る段となって住宅地なので50分の1で作ろうと言う社長の指示となり、早稲田大学の学生を30人ほど集めて一ヶ月かけてその模型を作ったのである。我々はこのバイト料を多少貰えたが、早稲田の学生は恐らく貰えなかったのだろうと思っている。このバイトは4年の前期ぐらいまで続いていたが、さすがに卒業設計の仕上げの時期になり、三人揃って辞めたのである。その後、この事務所がどうなったのかは我々も知らないのである。風の噂には事務所は続いているようである。

「卒業設計」
都市工学科は卒業設計と卒業論文のいずれかを選ぶか、あるいは両方を選択することも出来るのであった。林仁治君と樋口信子さんと三人で大谷先生の指導を仰ぐこととした。大谷先生のエスキースのチェックは1ヶ月に1回ほどであったが、内容にはいつも触れないで色々自分の建築論や過去の建築、あるいは東大紛争での先生の立ち位置など興味深い話を聞かせて貰った。僕は卒業設計を選び場所も演習でなじみのあった川越市を選ぶこととなった。川越の一番街は建築学会のコンペの対象地となり、話題性はあったが実際に行ってみると、うち捨てられた街外れの小さな地区であっ

た。歴史的なものも残されているが、十分修復されているわけでもなく、このままではその歴史的な街並みも破壊されてしまい、衰退の一途を辿ることになると思われた。まあ、自分が調査計画設計をしたからといって、どうにかなる問題ではないと思われたが、自分なりにどういう考え方があり得るか、一年近くに渡って取り組むこととなった。

最初に一番街の周辺を含めた歴史を調べるために図書館に行ったが、あまりいい資料が見つからない。結局、図書館にあった古地図を現代の地形に合わせて復元して、そこからどのように街が変わってきたかを考えることとした。また、地元でのヒアリングや住宅個別の調査を合わせて行い、地元の人たちには本当にお世話になった。しかし、多くの人は自分たちの街の歴史的な重要性に気づいているとは思えなかった。一番街の名所でもあり、重要文化財である「時の鐘」の周辺のお店や路地裏の住宅の方々には、行くたびにお茶をごちそうになり、昔の話などを聞かせて貰った。設計作品はどこかにしまってあるので、見ることも出来ると思うが、主として街並みの再整備及びその利用方法の提案と、路地を介する裏側の土地(お寺や神社となっているケースも多い)の再利用という三つが主たるテーマであった。特に大きな街区の真ん中にあるかつての共有地の利用や新たな使い方に力点を置いた。現在行ってみると、そのあたりは観光的にも地元の人たちの生活の場としても上手く活用されるようになってきたと思う。

「就職活動」
さて、就職についてである。4年生の頃になると就職についても考えてくるようになるが、春頃にはアーバンデザインというものをやってみたいと

考えるようになっていた。恐らくそういうことができるのは、当時としては設計事務所であると思われたので、秋を過ぎると設計事務所に就職活動を行った。設計事務所は比較的大きな組織事務所と有名建築家が主宰するいわゆるアトリエ事務所の二つに分かれようとしていた。しかし、私が卒業した昭和52年度はオイルショック後の不景気で両者共に募集が非常に少なかった。それでも、就職担当の奥平先生（故人）の紹介でいくつかの組織事務所を回り、また自分でいくつかのアトリエ事務所を訪問したのであった。組織事務所は事前に先生が会社の幹部に電話をしてくれたので、それなりの人に会うことが出来たが、いつもGパンに長髪という格好で行って怒られてしまうのが現状であった。また、アトリエ事務所のほうはそういう姿形は気にしないが、何せ一人採るかとらないかという厳しい状況であった。第一候補であった槙事務所の槙代表は東大の教授で、短期演習も見て貰った人であり、それなりの評価をして貰っていたが、その時点で受験者が200人程いたため、いつ結論が出るとも分からず、当てにしないでくれと言われたのであった。また、もう一人の有名建築家として大高事務所を訪問したが、この際には専務の磯川さんが対応をしてくれた。しかし、アーバンデザインをやりたいと言うと途端にそのような仕事は今はないのだというふうに説明をされてしまった。その後、私が横浜市に入ってからアーバンデザインの仕事を磯川さんと一緒にやれるのは皮肉な話であった。

卒業設計をしながらこんな就職活動をしていたが、時間ばかりが過ぎていったのである。ある時、指導教員の大谷先生に相談をしにいったことがある。大谷先生はそういえば横浜市がアーバンデザインには積極的で、田村明さんという方が陣頭指揮をとっておられるというお話をされた。私もアーバンデザインをやりたいという気持ちはあったが、実際にどういうことをやっているのか、見たことはなかったので、一度横浜市を見学に行きたいと大谷先生に申し出た。すると、大谷先生はその場で田村さんに電話をしてくれ、運良くいた田村さんと電話が通じて、いつでもいいから寄越しなさいということになった。ちょうど横浜市も不景気で人の採用を控えた年であり、特に技術職は採用をしないこととしていた。しかし、田村さんがまったく採らないというのは技術の継承がされないということと、こういう時にこそなかなか自治体に来てくれない優秀な人間が採用できるということで、造園、土木、建築の三職の採用をしようとしていたところであった。

年が明けて横浜市の担当の前川さんや森さんと相談をして行く日程を決めたが、その際には卒業設計をもってくること、及び面接試験を合わせて行うという非常に早い設定となっていた。実際に訪問したのは卒業設計を出した後で2月の中旬頃であったと思う。1回目の訪問は田村さん、前川さん、森さんなど少人数であり、田村さんが直々に横浜市のアーバンデザインの考え方や今後を説明してくれた。2回目がいわば本番の面接試験であり、まず卒業設計などについてプレゼンテーションを求められた。これは上手く説明ができたと私自身はいまでも思っている。私の卒業設計は図面の枚数が40枚くらいあった大作であるが、先生方からはいろんな意見があったが、当時助手であった宇井純さん（その後、琉球大学教授）に褒められたことが非常にうれしかった。横浜市の面接試験は田村さんや岩崎駿介さん（当時、アーバンデザインチームのチーフ）、それに企画調整局の幹部連中が連なり、おおよそ20人くらいいたと記憶

している。色々質問を受けたが、一番おもしろかったのが岩崎さんが卒業設計を見て、「これは本当に自分で描いたの?」という質問であった。確かにいろんな人が手伝いに来てくれて、図面の整理などをしてもらったが、岩崎さんが指し示した今後の街並みについては自分で描いたところであったので自信を持って「そうだ」と答えた。その後、健康診断や事務的な手続きがあったが、なかなか合格通知が来ずに正式なものは3月末に受け取ったと記憶している。2、3日後には床屋へ行って髪の毛を切って出勤したのである。

※この文章は、幼少期から卒業就職までの時代について、北沢猛氏本人が口述したものを、長男北沢哲生氏が筆記したものです。平成21年11月から12月にかけて自宅病床にて行われ、文体や内容については基本的には本人の言を尊重する形になっています。

小学校4年生のときに描いた喜多方の蔵

アーバンデザイナー 北沢猛の歩み

1977	東京大学工学部都市工学科卒業
	横浜市企画調整局都市デザインチーム
1978	郊外部歩行者空間検討調査
1979	区の魅力づくり基本調査
1980	横浜駅東口設計
	歴史的環境保全整備構想検討開始
	開港広場整備方針決定
1981	『港町横浜の都市形成史』出版
	横浜駅東口駅前広場整備
	関内地区道路愛称標識
1982	開港広場整備（広場公園の初適用）
	金沢シーサイドタウン計画・デザイン調整
	歴史的環境保全整備構想
	新羽緑道計画

金沢シーサイドタウン

横浜駅東口駅前広場

横浜市入庁
1977年横浜市に入庁。故・飛鳥田一雄氏（旧社会党委員長）の市長時代、革新市政の中枢をなした企画調整局（当時：田村明局長・法政大学名誉教授）にて、岩崎駿介氏（その後、筑波大学）が率いる都市デザイングループに参画。1997年まで20年にわたり都市デザインを担当。都市政策から都市づくり、地域まちづくりや公共建築などの現場を経験し、多くの都市デザインに参画し、実践的な都市デザインの「系」を生み出してきた。特に、デザインガイドラインやデザインレビューの方式、地域資源や地域遺産の保全と活用、市街地環境設計制度などの空間システムの整備、市民参加や企業連携などの具体的な展開とプロセスを生み出してきた。また、横浜市のいくつかの地域においてはアーバンデザインプランを実践してきた。（北沢猛HPより）

上下とも開港広場　写真：森 日出夫

1983	『都市デザイン白書』出版
	関内駅南口広場設計
	称名寺参道整備
	歴史資産調査実施
	『都市の記憶・土木遺産編』出版
1984	横浜市都市計画局都市デザイン室係長
	夕照橋周辺整備
	金沢区歴史の道整備
	開港広場拡張整備
1985	水と緑のまちづくり基本構想策定
	磯子アベニュー整備計画
	「関内駅および市庁舎周辺」公共の色彩賞受賞
1986	アーバンデザイン研究体（UDM）発足・副会長
	夜景演出・ライトアップヨコハマ開始
	「夕照橋・金沢区」手づくり郷土賞（建設省）受賞
	UDM（ユーディー・ムーブメント）通巻1号発行
	『ある都市のれきし－横浜・330年－』出版
1987	エリスマン邸（山手西洋館）移築復元
	情報の道デザイン調整
	創造実験都市横浜会議「横浜都市デザイン宣言」

エリスマン邸

UD賞
アーバンデザイン研究体が、都市の質向上に寄与する建築やまちづくりを選定し、これまで24件を表彰している。写真は2007年表彰式の建築家隈研吾さん。

ライトアップヨコハマ

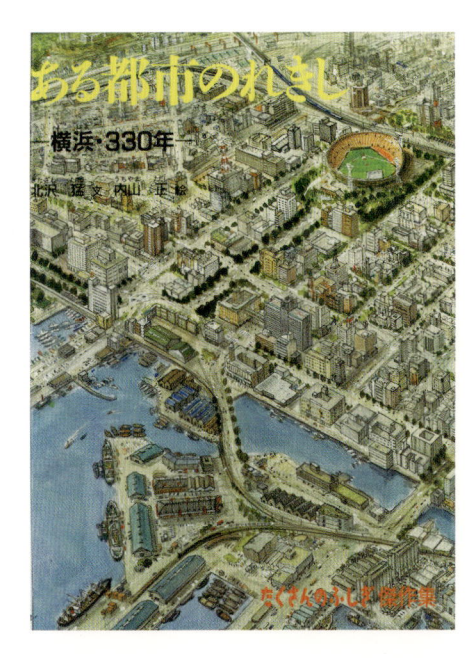

『ある都市のれきし －横浜・330年－』
福音館書店 北沢 猛 文・内山 正 絵 月刊・たくさんの不思議

　この絵本は、江戸時代の1656年から本が発行された1986年までの330年間の横浜関内の歴史をわかりやすく伝えている。柔らかいタッチの鳥瞰図は驚くほど精妙に描かれ、時代時代の都市の表情や人々の暮らす町並みを見せている。合わせて海面埋立、土地利用、インフラ整備、産業立地、震災復興、戦災復興、地下利用、景観ルールなど、様々な都市づくりの技術を平易に教えている。
　未来を担う子供たちに、都市の歴史を通じてアーバンデザインを伝えたい。そんな北沢さんの思いがあふれている。その以前に自ら担当して作成した「港町横浜の都市形成史」と対をなす本であり、過去・現在・未来をつなぐ北沢さんの都市歴史観の結晶ともいえる作品である。
　これまでいつの時代も、みんな努力し協力してこの都市を作ってきた。だから、歴史を大切にしながら、君たち自身が考え議論してさらに良い都市を作っていってほしい。最後の言葉は呼びかける。「みんなひとりひとりの顔がちがうように、都市や町なみにも個性があってほしい。つくりなおすのはたいへんですが、でも、あきらめないで、くふうすればもっとすみよくなるはずです。」

（土井一成／横浜市共創推進事業本部長）

1988	歴史を生かしたまちづくり要綱制定
	横浜市歴史的資産調査会発足
	走川プロムナード整備
	第1回横浜アーバンデザイン国際コンペ
	UDM（ユーディー・ムーブメント）通巻2号発行
	横浜デザイン都市宣言
1989	日本興亜馬車道ビル（旧日本火災横浜ビル）（歴史的景観保全事業の認定第1号）
	旧横浜船渠第2号ドック認定
	都市デザイン交流宣言
	ワークショップ・ヨコハマ89実施（6大学と横浜市の共催）
	『都市デザイン白書改訂版』出版
	外交官の家移築復元方針
1990	バルセロナ＆ヨコハマ シティ・クリエーション
	バルセロナ＆ヨコハマ
	シティ・クリエーション記念学生建築設計競技
	国際都市創造会議
	山手まちづくり構想立案
	川辺公園親水広場整備計画
	UDM（ユーディー・ムーブメント）通巻3号発行
	第2回横浜アーバンデザイン国際コンペ
1991	第3回横浜アーバンデザイン国際コンペ
	ポートサイド水際公園設計コンペ
	『都市の記憶・近代建築編』出版
	「関内周辺地区」都市景観大賞（建設省）受賞
	「泥亀公園・金沢区庁舎整備」手づくり郷土賞（建設省）受賞
1992	ヨコハマ・アーバンリング展
	(-8人の建築家・芸術家による21世紀都市の提案-)
	第1回ヨコハマ都市デザインフォーラム
	『都市デザイン 横浜その発想と展開』編著
	横浜市建築局企画管理課（課長補佐）企画係長
	UDM（ユーディー・ムーブメント）通巻4号発行

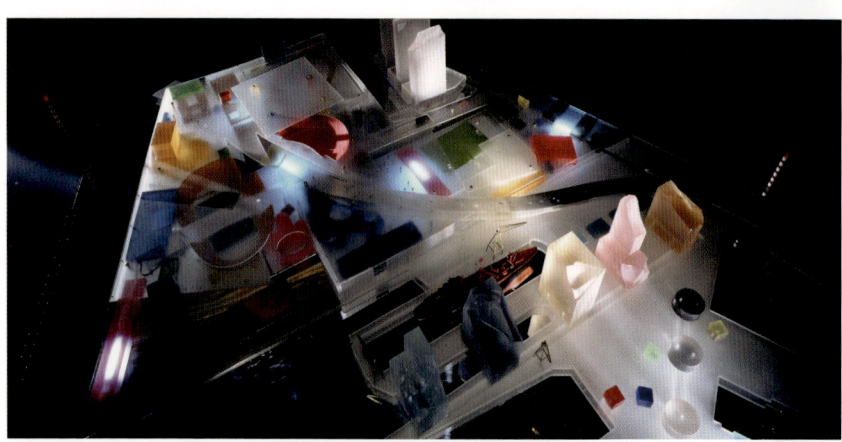

ヨコハマ・アーバンリング展　レム・コールハース(山内地区 模型)　撮影:淺川 敏

日本興亜馬車道ビル（旧日本火災横浜ビル） 　　　ドックヤードガーデン（旧横浜船渠2号ドック）

バルセロナ＆ヨコハマ シティ・クリエーション 　　山手本通り 　　　川辺公園親水広場

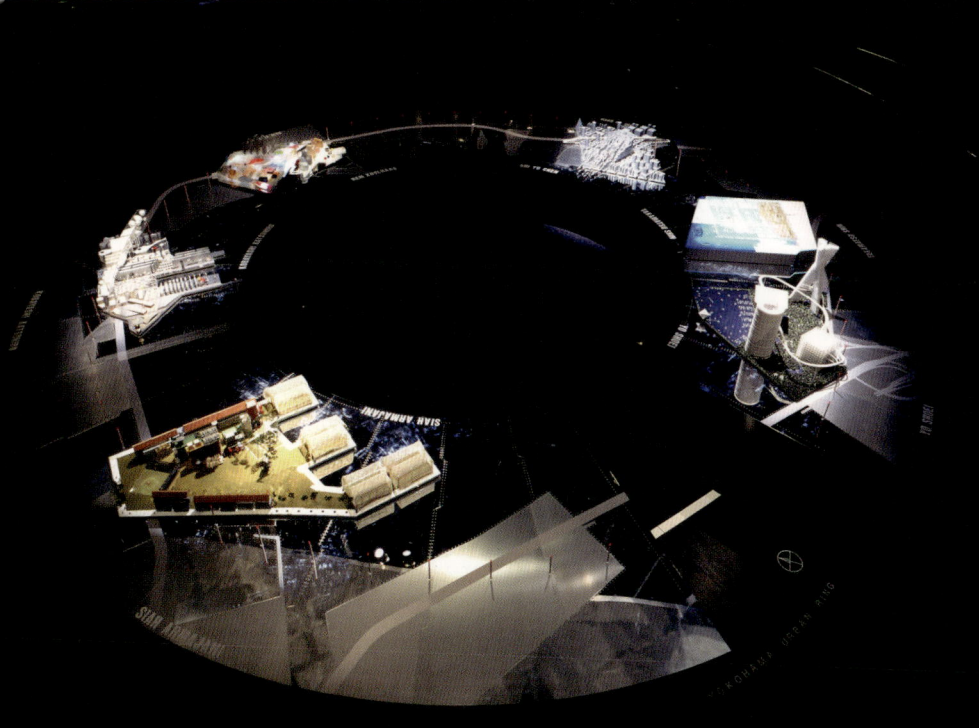

ヨコハマ・アーバンリング展 全景　撮影：淺川 敏

1993	「山手地区」都市景観大賞（建設省）受賞
	イタリア山庭園・ブラフ18番館一般公開
1994	金沢ハイテクセンター・金沢広場
	横浜市建築局技術管理担当課長兼企画局技術審査担当課長
	横浜コモンズ（21世紀における横浜市の公共建築の在り方及びその整備方針）策定
1995	阪神淡路大震災応援業務（被災建物診断チームリーダー）
	横浜市都市計画局都市デザイン室長
	「姫小島と水門」「いたち川プロムナード」手づくり郷土賞（建設省）受賞
	長屋門公園（旧大岡家長屋門）
	旧第一銀行横浜支店曳家事業
1996	日本大通り再整備構想策定
	『都市の記憶・近代建築Ⅱ』出版

旧第一銀行横浜支店曳家事業

ブラフ18番館

長屋門公園

山手公園クラブハウス

横浜のアーバンデザイン
金沢広場：Kanazawa plain square
公共空間の力。

金沢ハイテクセンター・金沢広場

外交官の家・写真：森日出夫

1997	東京大学大学院助教授（工学系研究科都市工学専攻都市デザイン研究室）
	外交官の家移築復元（東京都渋谷区南平台から山手地区へ）
	重要伝統的建造物群保存地区調査（宿根木、熊川宿）
	岩手県久慈市中心市街地調査
1998	第2回ヨコハマ都市デザインフォーラム企画委員
	釜石プロジェクト調査
	千代田区まちづくりサポート審査会副会長
	任意団体「この会」活動開始
	ブータン集落調査
1999	横浜まちづくり倶楽部副会長
	東京ビジョン研究会
	「住み続けられるまちの再生」日本建築学会設計競技全国優秀賞（都市の糸）
	アーバンデザインの社会的効果に関する研究（科学研究費補助金）
	アメリカ・アーバンデザイン調査
	岩手県釜石市まちづくり
2000	アーバンデザイン研究体（UDM）・会長
	鎌倉市都市計画審議会副会長
	岩手県カシオペア連邦地域づくり助成事業審査会会長
	大野村調査
	世田谷風景づくり委員会委員長
	グッドデザイン賞施設部門審査委員長
2001	岩手県大野村まちづくりアドバイザー
	横浜元町第3期まちづくり基本計画
	岩手県岩泉町プロジェクト（まちづくり総合支援事業計画策定委員会委員長）
	台北総統府広場改造計画国際設計競技入選
	小田原市板橋地区調査＋「蔵かふぇ」開催
	喜多方調査

旧大野村（岩手県洋野町）

ブータン調査（1998）での「幸福な集落」調査後に展開された、人口密度や都市規模によらないアーバン・デザイン実践プロジェクトである。主産業の脆弱な出稼ぎ村だった岩手県旧大野村を舞台に、当時の産業育成・観光の中心（おおのキャンパス）を核としながらも、周辺各集落がそれぞれ「サテライト」として魅力を発信、連携する「おおの・キャンパス・ビレッジ構想」を提案した。小さな商店街（中心部:本village地区）の活力再生に始まり、イベント（夢市）、空間再編プロジェクトを重ねた後、周辺集落での集落再生計画、集落の核となる小ビジネス拠点の形成（農産物加工施設と地域経営）、小さな公共施設の再生（児童館）等を通して、自立した魅力ある地域・集落生活を実現するための「地域自治」を企図した。そこには、先生の大きな指導力と同時に、まちのおばあちゃんや中学生の想いを大切にする細やかさが共存していた（野原 卓／横浜国立大学准教授）。

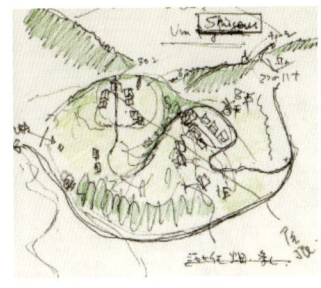

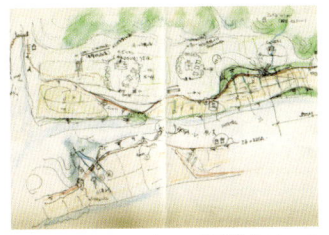

ブータン集落調査　　　　　　　　　　　　　　ブータン集落調査スケッチ

千代田区における活動
1997年に東京大学へ移った頃、研究室に千代田区から皇居周辺の美観地区の景観ガイドプラン検討依頼があり、これをきっかけに千代田のまちづくりにも関わる事となった。後に社会資本整備審議会建築分科会官公庁施設部会等で霞ヶ関の官庁街の計画にも携わる。また、卯月盛夫（早稲田大学教授）らと共に、公開審査型の市民活動助成制度である「千代田まちづくりサポート」の立ち上げにも関わる。審査会副会長（後に会長）として、大都会の中心で活動を行う市民団体に対して、アドバイスをおくり続けた。先生は、このまちづくりサポートに参加する団体のさまざまな活動を通して、「ソフトなアーバンデザイン」の可能性を見いだし、高く評価していた。

喜多方
北沢猛先生の第二の故郷でもある、福島県喜多方市での都市づくり実践は、観光まちづくり調査（2001年）に始まる。以降、氏は、幾度となく喜多方を訪れ、地域と分かちがたい絆を築き上げ、それまで培ってきた都市デザイン手法を如何なく発揮した。大学と地域が協働で調査、計画、提案、議論を行う「プロジェクト」手法を用いて、地域商店街との協働イベント（「蔵みっせ」・「くらはく」）やフォーラムの開催、地域まちづくり団体の設立支援（町衆会、NPOまちづくり喜多方）、「寄合所」による空蔵再生システムの展開、ふれあい通り・駅前通り・市役所通りでの街路空間再生を通した都市デザイン実践、地域づくりにおける総合調整組織の形成（蔵のまちづくり協議会、蔵のまちづくりセンター）などを幅広く手がけながら、決して前に出るのではなく、地域の自立的なまちづくりを育んだ。（野原 卓／横浜国立大学准教授）

107

2002	横浜市参与
	横浜市文化芸術・観光振興による都心部活性化委員会委員長
	横須賀市浦賀周辺地区まちづくり委員会委員副委員長
	岩泉町中心市街地整備基本計画
	岐阜県古川町（まちづくり総合支援事業計画策定委員会委員長）
	北九州市門司駅前（大里本町地区ふるさとの顔づくり）
	土地区画整理事業計画策定委員会委員長
	台東区中心市街地活性化推進委員会委員長
	日端康雄・北沢猛編著『明日の都市づくり』（慶應義塾大学出版会）出版
	北沢猛編著『都市のデザインマネジメント-新しい公共体が再編するアメリカ諸都市』（学芸出版）出版
2003	京都府参与
	横浜市都市ビジョン研究会顧問
	横浜都心部における都心機能のあり方検討委員会副委員長
	横須賀市専門委員
	千代田まちづくりサポート審査会会長
2004	横浜市（仮称）ナショナルアートパーク構想推進委員会委員長
	横浜市都市美対策審議会委員
	BankART1929 オープン
	日本建築学会技術報告集委員会委員長
	中国新都市計画国際設計競技（上林苑開発基本計画）最優秀賞受賞
	東京大学21世紀COE「京浜臨海部再生アクションスタディ」コーディネーター
	国土交通省地域づくり表彰審査委員
2005	東京大学大学院教授：新領域創成科学研究科社会文化環境学専攻空間計画研究室
	岩手県大野村地域づくり功労者

BankART1929オープニングチラシ

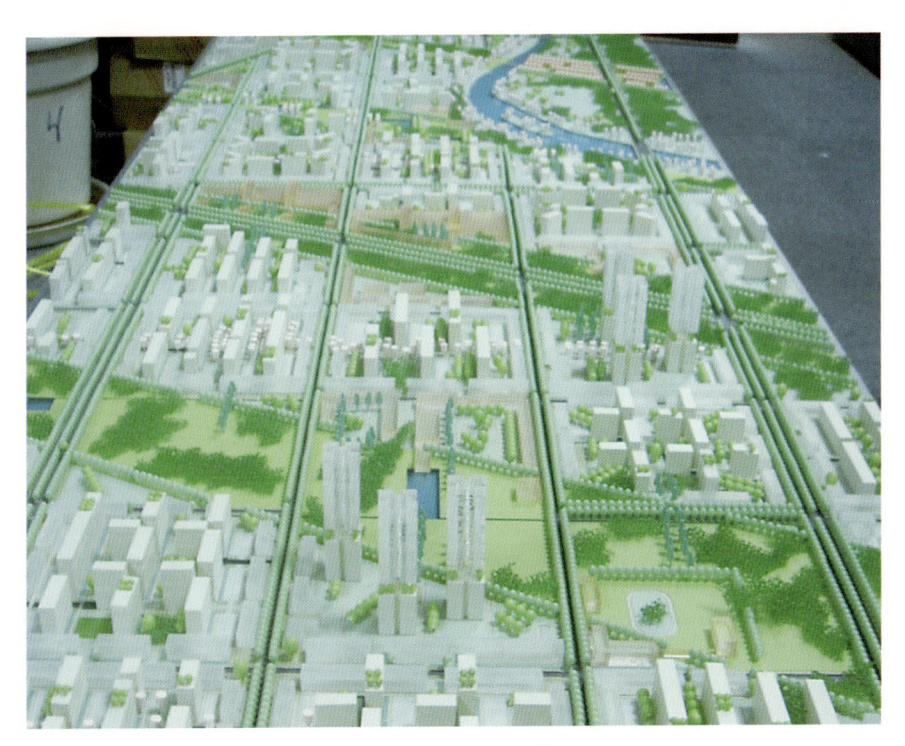

中国新都市計画国際設計競技「陝西上林苑計画設計概念性方案」（最優秀賞）
西安の郊外、かつての秦都「咸陽」の辺縁部に広がる三角形の農地1000haに、新たに居住人口10万人の新都市開発提案を求められた国際コンペティションである。北沢先生によって「知苑都市」と名付けられたこの提案には、知の杜（知的価値）と緑の苑（環境価値）の創出を目標として、都市空間の重層性、高質な文化性、交流・刺激の集積、そして、自然と開発の融合による可変的な都市像が込められている。空間としては、緑地空間と都市空間が楔状に噛み合う都市構造の上に250mのコミュニティグリッドを重ね、そこに、交流（100万）、居住（10万）、就業（1万）がバランスよく展開する都市空間をデザインすると同時に、緑地と開発の境界にリザーブ（緩衝）空間を設け、ここに公共施設や公園、小規模商業施設等を配することで、交換・交流の活発な「呼吸する都市空間」の形成が提案されている。（野原 卓／横浜国立大学准教授）

1997年に東京大学助教授（工学系研究科都市工学専攻都市デザイン研究室）となり、アーバンデザインの理論と実践的方法を教育研究した。また、実践的なアーバンデザイン普及を進め、自治体や地域組織のまちづくりから計画戦略の立案、社会実験、デザインを継続的に実施してきた。1997年から岩手県の大野村（現・洋野町）やカシオペア連邦（二戸地域）の地域づくりを、そして釜石市や岩泉町の中心市街地計画などに参画。2007年には、福島県喜多方市のまちづくり再生プランづくりやまちづくり方針の調査や提案、実験事業を行った。横浜市においても継続的な調査研究を行っており、政策形成に対して貢献した。2002年に中田宏氏（前横浜市長）のもと、横浜市専門委員さらに参与となり自治体改革の推進に助勢してきた。2004年には、横浜市「文化芸術・観光振興による都心部活性化委員長」の委員長として、「横浜創造都市構想」を策定しナショナルアートパーク構想を提唱し推進している。1977年から1997年の横浜市職員時代のアーバンデザイン、その後の横浜市参与としてのアーバンデザインに対して、歴代市長や歴代都市デザイン室長（北沢氏は5代目）とともに、2006年には日本グッドデザイン賞の金賞を受賞した。（北沢猛HPより）

2006　UDCK柏の葉アーバンデザインセンター長
　　　千葉県参与（柏の葉国際キャンパスタウン担当）
　　　NPO法人アーバンデザイン研究体（UDM）理事長
　　　柏の葉国際キャンパスタウン構想策定（千葉県、柏市、千葉大学、東京大学）
　　　2006年度グッドデザイン金賞（財団法人日本産業デザイン振興会）受賞
　　　東京都千代田区まちづくり功労者表彰（まちづくりサポート）
　　　日本土木学会デザイン賞特別賞（横浜市における一連の都市デザイン）
2007　柏の葉イノベーション・デザイン研究機構 機構長・運営委員長
　　　日本建築学会論文集委員会委員長
　　　横浜市創造都市横浜推進委員会副委員長
　　　ユニットハウスによる環境にやさしい新しい公共空間の実証実験
　　　（千葉県国際学術研究拠点形成推進モデル事業）
　　　福島県田村市中心市街地まちづくり基本方針
　　　舞鶴プロジェクト（舞鶴イーストハーバー構想策定委員長、赤れんがパーク・デザイン計画策定委員長）
　　　川崎臨海部デザインコンペ審査委員長
　　　旧モーガン邸被災状況調査検討委員会（（財）日本ナショナルトラスト）副委員長
2008　UDCY横浜アーバンデザイン研究機構代表
　　　UDCT田村地域デザインセンター長
　　　UDCKo NPO郡山アーバンデザインセンター長・理事（福島県）
　　　横浜市都心臨海部・インナーハーバー整備構想懇談会委員
　　　田村市中心市街地まちづくり基本計画
　　　田村市滝根地区まちづくりく基本方針
　　　福島県三春町桜川景観検討委員会委員長
　　　洋野町まちづくり推進アドバイザー
　　　台東区景観審議会会長
　　　（財）日本ナショナルトラスト理事

福島県三春町

福島県三春町は田村郡の中心都市で、山あいの城下町の持つ空間構造の本質を大切にした空間整備に長年取り組まれ、東京大学都市設計研究室（現・都市デザイン研究室）とも深い縁を持つ。町の中心を流れる桜川の改修にあたり、2008年度、北沢研究室ではこれまでの取り組みを調査・整理し、今後のまちづくりの方向を検討する研究を福島県より受託し、文献調査やヒアリングを通じて小冊子「三春のまちづくり」をまとめた。また、北沢先生は河川景観検討委員会の座長もつとめられ、吉村伸一氏を委員として招くとともに、川沿いの既存樹木を始めとする周辺資源の保全や、河床の掘り下げを抑えた人に近い水辺の実現といった方向付けに尽力された。
（三牧浩也／柏の葉アーバンデザインセンター副センター長）

福島県田村市（田村地域デザインセンター）

田村市は福島県中央東寄り阿武隈高原に位置する2005年の合併で生まれた新市である。北沢研究室による調査研究は2007年秋より始まり、翌年8月には田村市、田村市行政区長連合会、東京大学の共同で田村地域デザインセンター（UDCT:Urban Design Center Tamura）を設立した。地方小都市で公民学が連携して実践を行う地域密着型のシンクタンクである。センター長として北沢先生は、中心市街地の船引で、空き店舗活用等の社会実験・首都圏のアーティスト滞在提案の実施・船引駅前通りミュージアムストリートの実践等を行った。さらに中心市街地だけでなく旧町村単位で「まちづくり基本方針」を構想し実践に移していった。
（田中大朗／田村地域デザインセンター副センター長、東京大学特任研究員）

2005年には東京大学教授（新領域創成科学研究科社会文化環境学空間計画研究室）。学問領域の融合による新しい空間計画学の確立をめざし、広域空間計画政策から生活の場づくりまでのシームレスな「空間計画の描き方」あるいは「今を知るための未来設計」を研究した。2006年に、第一号としてUDCK 柏の葉アーバンデザインセンターを設立した。これは、公民学の協働によって設置運営されている。また、2008年4月にUDCY横浜アーバンデザイン研究機構を設置した。さらに、8月には福島県田村市においてUDCT田村地域デザインセンターを開設し、まちづくりの基本方針、計画、まちづくり実験などを地元の方々、自治体と共同で進めている。12月には、UDCKo郡山アーバンデザインセンターを開設した。これは、東京大学と町内会、地元企業の協働といつ新しい形を考えたものである。
（北沢 猛HPより）

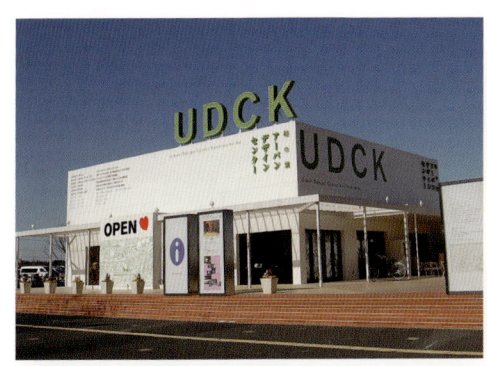

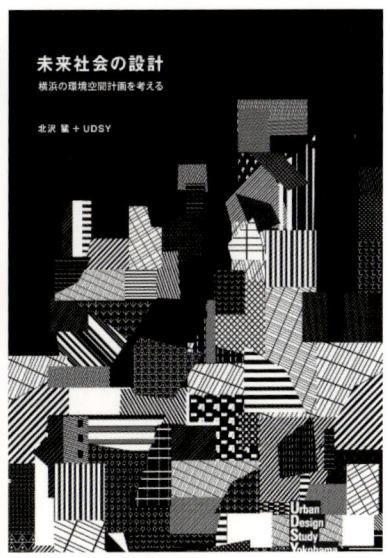

空間計画は、多分野の研究と多主体の合意によって生み出されるものである。アーバンデザインセンターの設立活動を行っている。研究組織あるいは実施組織として、アーバンデザインセンターの設立活動を行っている。

福島県郡山地域（郡山アーバンデザインセンター）

福島県郡山市の郊外に位置する並木にて、並木町会、地元企業（ラボット・プランナー他）、東京大学が共同し、2008年11月にNPO法人郡山アーバンデザインセンター（UDCKo: Urban Design Center Koriyama）を設立した。公民学が連携して実践を行う地方中核都市版UDCである。北沢先生はUDCKo初動期として、ビジネスとデザインのコンペ開催を提案され、2009年に曽我部昌史氏を審査委員長に迎え、「郊外の可能性」と題して開催した。北沢先生も審査員として実施内容の詳細にわたりご指導された。2010年1月の最終審査に加わることは適わなかったが、最期まで全国各地から多数寄せられた提案に期待されていた。

（田中大朗/郡山アーバンデザインセンター副理事長、東京大学 特任研究員）

千葉県柏市柏の葉地域（柏の葉アーバンデザインセンター）

北沢先生は2005年都市工学科から新領域創成科学研究科に転籍、翌年柏キャンパスに赴任するとその10月に柏市、東京大学、千葉大学、田中地域ふるさと協議会（住民団体）、柏商工会議所、三井不動産、首都圏新鉄道（つくばエクスプレスの運営会社）の7社とともに柏の葉アーバンデザインセンター（UDCK:Urban Design Center Kashiwa-no-ha）を開設した。先生自身が長く暖めていた、市民に開かれた都市デザインの専門組織を公民学連携で立ち上げ、実践した。千葉県参与も兼任し、UDCKを拠点に柏の葉地域に取り組むとともに、福島県田村市と同郡山市でそれぞれの地域に即したアーバンデザインセンターを展開した。

（前田英寿/芝浦工業大学デザイン工学部教授）

2009　　　大学まちづくりコンソーシアム横浜委員
　　　　　横浜市インナーハーバー検討委員会副委員長
　　　　　象の鼻パークオープン
　　　　　田村市大越地区まちづくり基本方針
　　　　　柏の葉コミュニティグリッド-持続可能な空間計画と社会運営のシステム試案
　　　　　横浜クリエイティブシティ国際会議2009
　　　　　アーバンデザインセンター会議

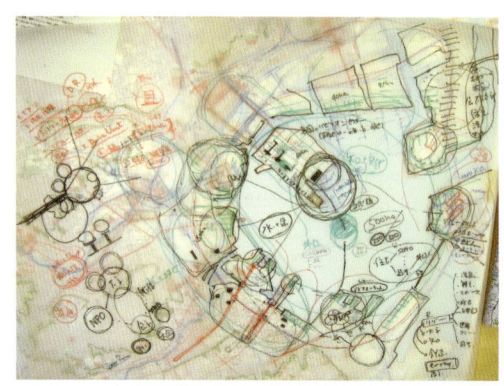

インナーハーバー構想スケッチ

象の鼻パーク　©小泉アトリエ

インナーハーバー構想
北沢猛の横浜における最後の仕事である。開港150周年を機会に50年後の横浜都心臨海部のあり方を構想として示すもので、開港150周年記念式典の際に、その骨子案が発表された。最終的な構想の取りまとめを見ること無く、逝去するが、東京大学、横浜市立大学、横浜国立大学、神奈川大学、関東学院大学の5大学の協働作業により、2010年、構想はまとめられた。構想の検討は2007年から開始されたが、北沢にとっては90年代より示したアーバンリングの考え方をさらに拡張し、東京大学に移籍した後におこなったナショナルアートパーク構想・京浜臨海部研究を経て、たどりついた集大成の構想であった。

(鈴木伸治／横浜市立大学国際総合科学部准教授)

1. アメリカ　セントポール
2. アメリカ　コロンビア大学
3. 韓国（大学連携シンポジウム）
4. 台湾（総統府広場改造計画国際設計競技）
5. 中国　西安交通大学講義（2004）
   中国「陝西上林苑計画設計概念性方案」（陝西省咸陽郊外）2004
6. 中国　北京大学特別講義（2002）
7. ブータン集落調査
8. バロセロナ展準備調査

横浜市

1. 金沢シーサイドタウン計画・デザイン調整
2. 泥亀公園・金沢区区舎整
   姫小島と水門整備
   走川プロムナード整備
   新羽緑道計画
   称名寺参道整備
3. 夕照橋周辺整備
4. 磯子アベニュー整備計画
5. 川辺町親水広場整備計画着手
6. 長屋門公園（旧大岡家長屋門認定）
7. 京浜臨海部再生
8. 石崎川プロムナード

横浜市中区周辺

1. 横浜駅東口駅前広場
2. 開港広場
3. 関内駅南口広場計
4. エリスマン邸
5. 山手公園クラブハウス
6. 日本火災横浜ビル（現日本興亜馬車道ビル）認定
7. 旧横浜船渠第二号ドック（ドッグヤードガーデン）
8. 旧第一銀行横浜支店
9. 日本大通り再整備
10. 象の鼻パーク
11. イタリア山庭園・ブラフ18番館・外交官の家
12. 山下公園通り再整備
13. 夜景演出事業ライトアップ（横浜市開港記念会館など）

1. 青森県八戸市是川遺跡（整備委員会委員）
   青森県芸術パークワーキング委員
2. 岩手県久慈市
   岩手県カシオペア連邦（久慈振興局）
   岩手県旧大野村［洋野町］（2000-）
   岩手県二戸市
   岩手県軽米町
   岩手県岩泉町（2001-2002）
3. 岐阜県古川町（2002）
4. 千葉県参与（2006-）
   千葉県柏の葉
5. 福島県喜多方（2001-）
6. 福島県田村市（船引・滝根・大越）
7. 福島県郡山市（UDCKo）
8. 新潟県長岡市中心市街地構造改革会議顧問
9. 埼玉県戸田市都市景観計画委員会委員長
10. 東京都世田谷区
    千代田区
    台東区
    墨田区錦糸公園再整備検討委員会委員（2003-）
    国立市国立駅周辺
    外苑東通り研究会委員
11. 横須賀市専門委員
    浦賀周辺地区
12. 相模原市都市デザイン委員会委員
13. 鎌倉市都市計画審議会副会長
14. 小田原市中心市街地活性化委員会会長
    小田原市板橋（2001-）
15. 京都府（参与 2003-）
16. 京都府舞鶴市
17. 三重県伊勢市（外宮参道）
18. 福岡県北九州市門司駅前大里本町地区
19. 宮崎県清武町中心市街地活性化委員会委員長

写真：森 日出夫

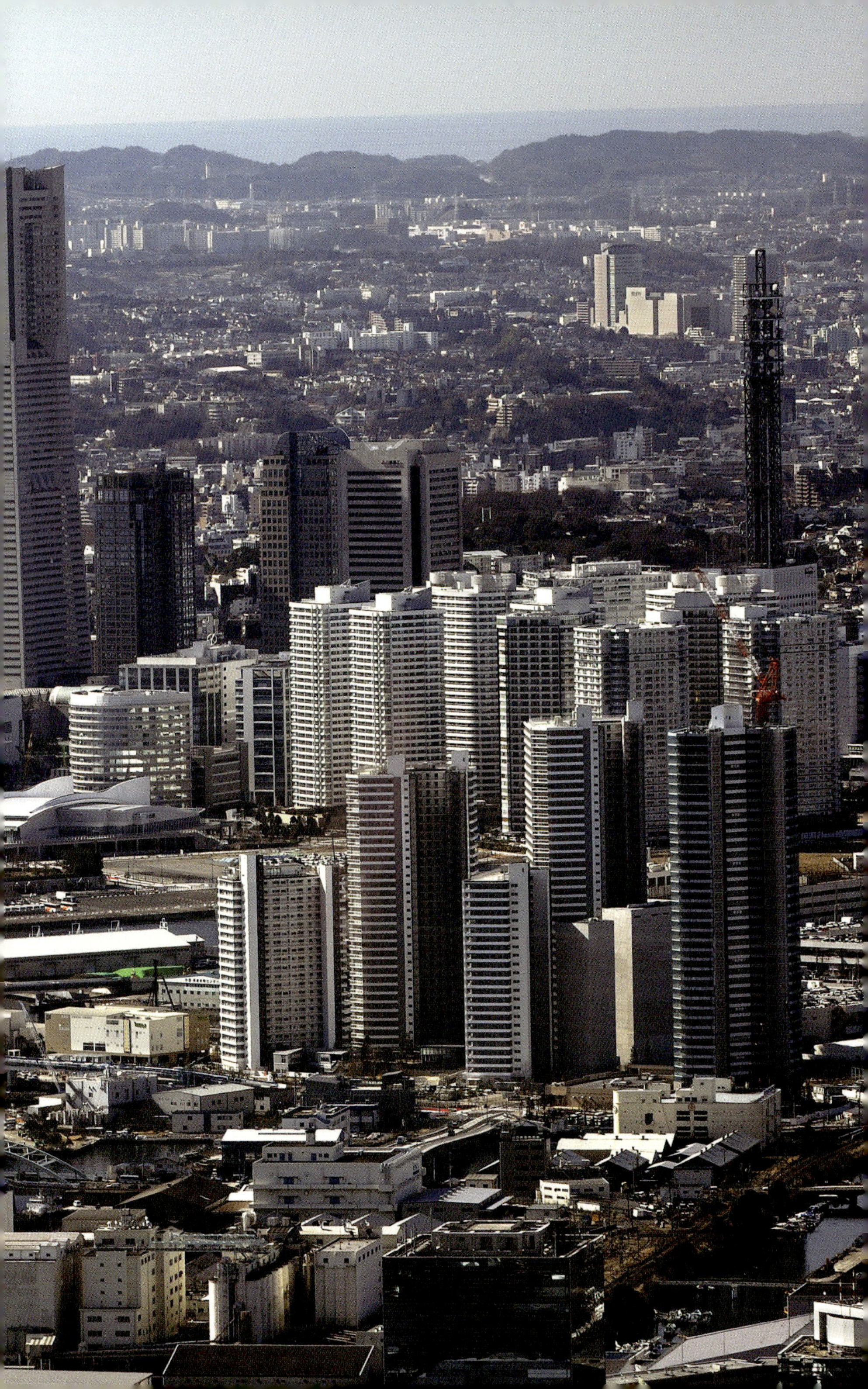

写真：森 日出夫

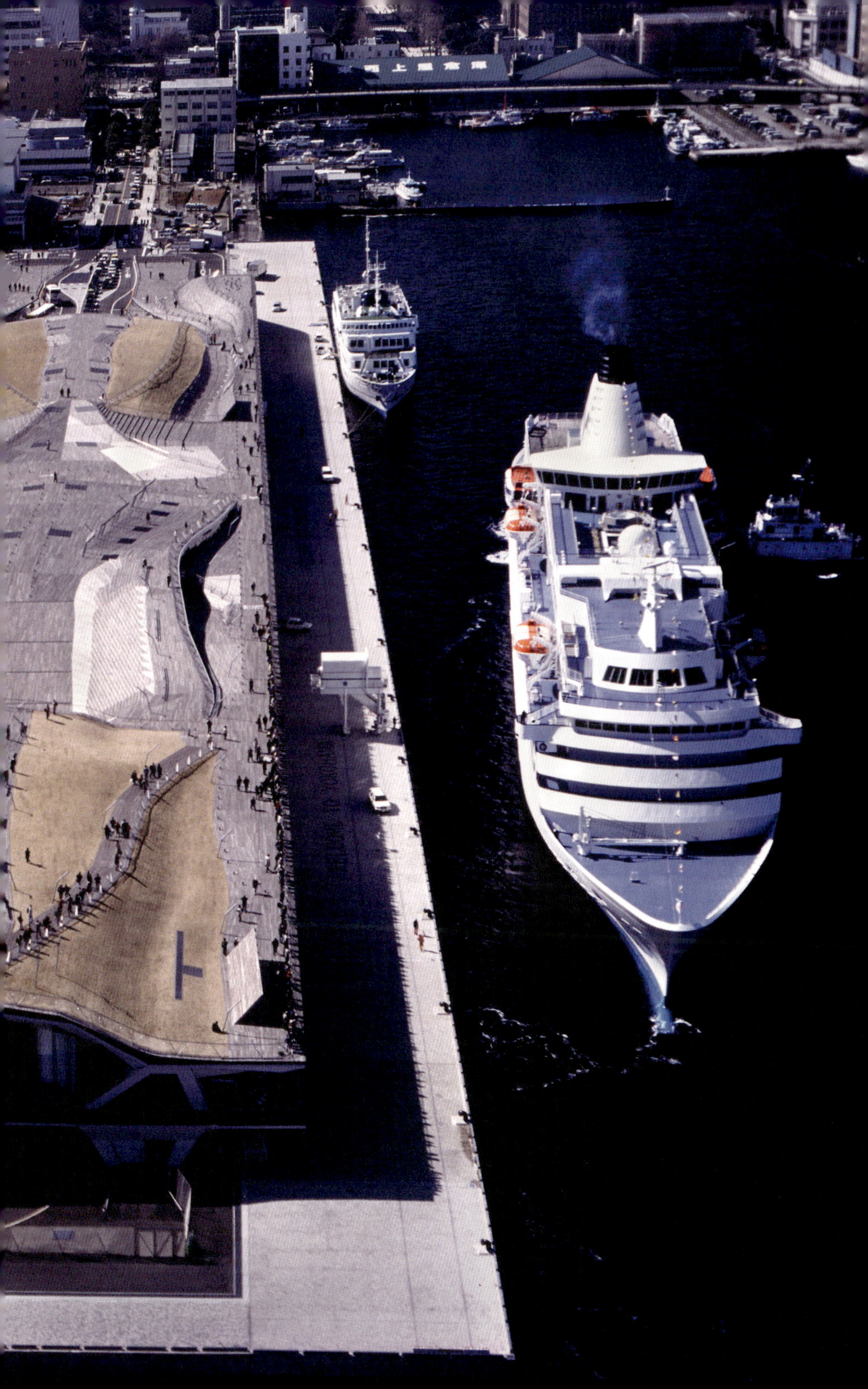

北沢 猛 編著書

『未来社会の設計 ~横浜の環境空間計画を考える』（BankART出版 2008年）
『都市のデザインマネジメント ~アメリカの都市を再編する新しい公共体』（学芸出版社 2002年）
『明日の都市づくり ~その実践的ビジョン』（慶應義塾大学出版会 2002年）
『ある都市のれきし ~横浜・330年』（福音館書店 1986年）

その他の主な論考

「日本の風景と未来の設計」『都市+デザイン27号』 2009年
「公民学連携による柏の葉アーバンデザインセンターUDCK」『地域と大学の共創まちづくり』学芸出版社 2008年
「地域遺産=ヘリテージは地域再生の源泉である」『季刊まちづくり16号』学芸出版社 2007年
「都市資源を生かす空間構想 ~新しいアーバンデザインの展開」『アーバンストックの持続再生 ~東大講義ノート』技報堂出版 2007年
「生活空間の構想計画 ~岩手県旧大野村と東京大学の協働」『季刊まちづくり12号』学芸出版社 2006年
「空間美と都市デザイン」西村幸夫編『公共空間としての都市』岩波書店 2005年
「近代の都市構想に関する考察 ~変遷と意図~」『日本の美術8』至文堂 2005年
「都市横浜のまちづくり=自由都市の構想」『横浜市改革エンジン』東洋経済新報社 2005年
「空間計画とその制度設計の構想」『成長主義を超えて~大都市はいま』日本経済評論社 2005年
「持続可能な地域をデザインする」『自立と協働によるまちづくり読本 自治「再」発見』ぎょうせい 2004年
「ソフトなアーバンデザイン」『走れ!まちづくりエンジン ~千代田発市民活動が拓く「新しい公共」』ぎょうせい 2004年
「都市風景を再生するシステム~空間のデザインマネジメント」『都市問題第94巻第7号』東京市政調査会 2003年
「Art Polis as Regional Policy, Architecture through Communication」The Japan Foundation 2003年
「『統:ガバナンス』の視点からみた21世紀の都市計画 -多様性多元化がもたらす統治型から自治型への転換-」『都市計画5号』2000年
「新・機能主義へ ~建築と都市の新たな挑戦の時代」『新建築2000年2月号』 2000年

北沢猛の論文

海都横浜構想2059 ～未来社会の設計～
アーバンデザインの可能性 横浜20年の軌跡と展望
まちは博物館 ～歴史を生かしたまちづくり

インターナショナルパーク（瑞穂ふ頭／イメージ図）

海都横浜構想 2059 〜未来社会の設計〜

北沢 猛｜アーバンデザイナー・東京大学教授
横浜クリエイティブシティ国際会議2009「分科会III-2 文化の空間戦略」発表用原稿

都市は水辺に誕生した。
そしてまた海から横浜を再興する。
海に開かれた人と文化の都をつくる。
海に象徴される自然としての都市である。
海のように広くまた自由な社会である。
人間の空間である都市に自由があり、そして自然としての都市である。
市民が真に幸福を感ずる社会をつくる。

1. 海都横浜構想

次の50年、開港200年時点の横浜の目標を示したものが「海都横浜構想2059」（案）である。現在の市民から未来の市民に向けたメッセージでもある。ここでは50年後の有るべき社会という理念や理想から、今日なすべきことを描き出す「未来設計（Back-casting）」という方法を採用しているが、これは約1年ほど検討した中間的な提案である。今後、多くの市民や専門家、組織がアイデアを生み、より豊かな構想に発展させ、さらに多くの力が集まり実現していくものである。わたし自身は、この過程で新しい生活や持続的な都市や地域社会、時代を牽引する都市政府が横浜に生まれることを期待するものである。

1-1 次世代都市とアーバンデザインの蓄積

横浜は海と丘陵、そして港に象徴される都市資源を生かしながら、新しい市民社会と持続的な環境を創る人間都市をめざしている。開港以来、多くの人が国を超えて横浜に集まり、独自の文化や産業、生活を生みだしてきた。そこに進取の精神と人間性を尊重する横浜の風土が形成されたのである。また、港を囲み、丘の緑や谷戸の自然を生かしたこの50年ほどの意欲的な都市構想や実現の努力、そしてアーバンデザインの継続的な蓄積により個性が育まれてきた。
成長社会から、非成長そして縮小社会へ向かう大

都市構想のダイアグラフ

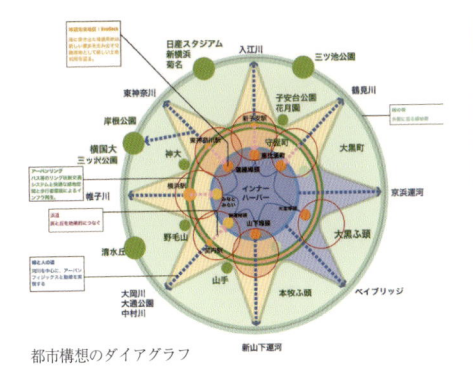

きな社会変容に対し、横浜はすでに環境と分権の社会への転換を進めているが、さらに未来社会をここに描く。対象は、日本の近代化を支えた都市横浜の臨海地域、明治から昭和前期に形成された内港地域である。港湾そして工業、業務と商業という機能が150年間に形成されてきたが、施設の老朽化や産業などの構造転換により次世代の都市が求められている。横浜内港を考えることは横浜全体を考えることでもある。

1-2 未来社会とコミュニティ・グリッド

横浜は人材と文化が生きる都となり、『人文首都』として、特に東アジアの海域圏で積極的な役割を担う。多様な国や都市から、多様な人々が集まり活動する「超交流時代」を牽引する多文化都市である。内外から知識産業や創造産業が集まり、新しい活力を生む。横浜は人材立市を具体的な目標として、その教育や文化の環境を整え、特に大学や研究機関の集積や公民学の連携を創る。

海に望む緑の丘、1300haの内水面を囲む町、3200haの水際空間に、内外から人材が集まり魅力あるコミュニティが形成される。水上の交通や自由な空間は魅力あるスタイルを生みだし、多様な人が暮らす『20万人の生活都市』、そして創造する『55万人の活動都市』が生まれると仮定している。文化や居住、産業などの機能は分離しない『超複合化（ハイパーミックス）都市』をめざし、空間はシームレスであり、誰もが自由に移動し交歓する高効率で創造的な都市となる。さらに、コミュニティをベースに、エネルギー利用、廃棄物処理、緑地環境、教育、福祉などの地域運営を、小さな単位で自律分散的に行う『コミュニティ・スマート・グリッド』を構築する。これにより大きな

社会基盤施設をつくるのではなく、小さなものを繋ぎ組み合わせることで、柔軟性と冗長性を確保する。結果としても、適切な投資となり、管理運営面でも持続的な社会システムとなり、さらには地域の自立を高める社会となると考えている。こうした新しい考え方は今後内外の都市でも求められ、横浜を考えることは世界を考えることにもなる。

2. 横浜が生み出した現代日本アーバンデザイン

日本における『現代アーバンデザイン』は、近代の都市計画を超克する理論として1960年代には議論が始まり、1970年には、横浜市が日本で初めてアーバンデザインを公共政策あるいは空間政策として、現場に採用した。わたしがアーバンデザイナーという職能を選び、横浜市のアーバンデザインチームに参画したのは1970年代後半であった。アーバンデザインは蓄積された都市資源を評価し、その上に新しい生活空間を描きだす。『空間計画（Spatial Planning and Design）』は空間構成の原則を解明し、未来社会の理念と空間、そこに至る道筋と戦略を描くものである。その過程で多くの市民との調査や討議により新しい価値を発見していくもので、現代アーバンデザインは、近代都市計画の大改革となった。

2-1 伝統空間のデザインとその崩壊

日本では空間計画は古くから「ひとつの系」をなし、都市という大空間から身の回りの小空間までをひとつの理論や方法で描いてきた。全体と部分の適切なバランスや繊細で親密な界隈があったが、伝統ある空間構成は近代経済システムには融合できず排除された。日本の近代はたかだか150年間であるが、この間に1300年という時間をかけた伝統的な都市空間

海都横浜構想2059 〜未来社会の設計〜

の構成や都市運営のシステムが破壊されたのである。1889年に東京で、近代都市改造を欧米から移入した「市区改正設計」が公示された。結果は道路拡幅や上水道敷設に限定され、集中し拡大する大都市に対応できないばかりか日本独自の空間性を破壊した。都市問題の深刻化により建築規制を含む総合的対策を求めて「都市計画法（1919年旧法）」が成立し、用途地域制や施設計画が始まったが、空間計画と呼べる目標はなく経済成長や軍事拡張を支える国家あるいは官僚制に組み込まれた。

2-2 現代アーバンデザインと人物像

敗戦の停滞期を過ぎ、アーバンデザインが登場し「将来の空間像」を描きだすことで、ようやく社会の理念や夢を民主的に議論することができた。1960年に日本で開催された「世界デザイン会議」を契機に、建築家を中心に社会メッセージとしての都市構想が次々に提案された。「丹下健三」の『東京計画1960』や西山卯三の『京都計画1964』、「槇文彦」と「大高正人」の『群造形（新宿副都心計画1960や百万都市計画1961）』などが提示された。構想は現実社会へは影響を持たないとの批判の中で、「浅田孝」は丹下の下で「大谷幸夫」と戦災復興都市計画を始め、広島平和記念公園や東京都庁の設計に参画、自らは南極大陸昭和基地（1956年）から坂出人口土地（1962年）を実現した。都市構想を民間プランナーとして発想し具現する「浅田孝」や「環境開発センター」（1959年に浅田が設立、田村明らが中心メンバー）が注目されたのである。一連の浅田が主導した思潮、成長に柔軟に可変的に対応する『メタボリズム』は「機械の理論」ではなく「生命の原則」で現代都市を改革するものであった。

現代アーバンデザインの議論に登場する人物群は、1963年に飛鳥田一雄が市長となった横浜市で構想を現実化していった。1964年には、飛鳥田市長は、浅田孝の環境開発センターに『将来構想の計画』を委託し、翌1965年には『横浜の都市づくり構想』として公表された。浅田孝は都心部強化事業（緑の軸線計画、みなとみらい21計画）などの『プロジェクト主義』を戦略とし、環境開発センターの部長であった田村明が横浜市（企画調整局長）に招聘されることで実行された。これらの人物の考え方、つまり空間の分析から全体構想、戦略プロジェクトという方法論を含めて、横浜のアーバンデザインの原型を形づくり、

日本の現代アーバンデザインの基礎となった。人材としての丹下から始まる都市アーキテクチャーやアーバンデザイナー、あるいはその教え子達が横浜のアーバンデザインを担ってきたのである。

2-3 横浜のアーバンデザインの人物像（1971年〜）

横浜の実際のアーバンデザインを理論的にも方法論的にも構築したのは岩崎駿介である。東京芸大から建築事務所設立、この時に環境開発センターを手伝う。その後、ガーナ国立大学で建築の教授、ハーバード大学でアーバンデザインを習得し、ボストン市役所を経て横浜市に招聘された。アメリカの先端のアーバンデザインであるが、理念や方法には極めて日本的なものが多い。その後、内藤淳之が第二代の都市デザイン室長となる。内藤は、東京大学の都市工学科の助手を経て、実践の場を探して横浜にきた。この時代に横浜型のアーバンデザイン理念と方法が整理され、『都市デザイン白書』を刊行して十年計画を自らが提案し実践していく。みなとみらい21を始め、多くのプロジェクトが形を結び始める時期で、デザインガイドラインやインセンティブゾーニング、歴史的建造物の保存活用制度などが、システム化された。わたしもこの時期の仕事に多くの時間を費やした。

2-4 創造実験都市の構想（1986年〜）

(仮称)ヨコハマ・トリエンナーレ設立準備調査に着手した。検討委員会は、磯崎新氏を座長に浜野安宏や三宅一生、蓑原敬らの論客がそろった。1987年には、国際シンポジウム「創造実験都市・横浜会議」をみなとみらい21で開催して、この際に『横浜デザイン都市宣言』（細郷道一横浜市長）を行い、本格的な文化都市とデザイン都市への道を開いたのであった。このプロジェクトには、当時の都市計画局のメンバー特にみなとみらい21担当であった若竹馨（後に企画局長）や高橋正宏（第三代の都市デザイン室長）などの参画があり、また、金田孝之（現在の副市長）や森誠一郎（後に技監）など企画調整局を経験した多くの有能でアーバンデザインに理解のある技術系職員に支えられていたことはいうまでもない。このように人物群も企画調整局をベースに、現在の都市デザイン室長（中野創）まで人材が蓄積されてきた効果が大きい。特に、このデザイン都市宣言から、1997年の第2回都市デザインフォーラムまで、国際的な交流が横浜のアーバンデザインの内容を高めた

のである。

こうした組織を越えた人材のネットワークこそ、浅田孝が構想した「システム」と「サブシステム」がおりなす仕組みづくりであり、その持続性が重要なことであった。

1988年には第1回横浜アーバンデザイン国際コンペ（馬車道）やアーバンデザイン国際シンポジウムが開かれ、国内外にむかって『都市デザイン交流宣言』が行われた。『横浜デザイン都市宣言』は「現在、我々の環境は成熟化、情報化、国際化の社会に向かい急激な変化の中にいます。生活にあっては物質的な豊かさを求めた時代から、文化を求め、精神的な豊かさの創造をより重視する傾向が強くなっています。デザインも、単なる装飾や美的表現としてのデザインから、生活文化全体としてのデザインへと視点を拡大し、認識を変えていかなければならない時代にきています。」と始まる。(1988年3月15日横浜市長細郷道一)

2-5 バルセロナ＆ヨコハマ・シティ・クリエーション（1990年）

バルセロナ市と横浜市は、「バルセロナ＆ヨコハマ・シティ・クリエーション」を1990年春に横浜で開催した。都市づくりにおける都市交流としては始めてであり、都市づくりの方法、都市自治のあり方について、継続的に様々な角度から研究及び討議を行い提言することとした。(1990年4月25日 バルセロナ市長パスクアル・マラガイと横浜市長高秀秀信の共同コミュニケより) 同時に開催された『国際都市創造会議・横浜』では、監修を磯崎新と蓑原敬が行い、『ポストインダストリアル社会』への転換期に、都市における計画とデザインの在り方、デザインの浸透や相互干渉に対する新しい考え方を提示した。デザインの『評価』とクリエーター自信の『存在』、さらに市場性を越える『公準』とは何か、グローバリゼーションの中で、都市計画家を始め、建築家や文明評論家、デザイナー、音楽家、演劇プロデューサーなどの様々な分野の専門家が自由に語り合い、都市状況を総括するとともに、多様な都市の行き方を提示した。

3. 都市改革の波動

こうした現代のアーバンデザインの蓄積が横浜のひとつの特徴といっても過言ではない。しかし、それも横浜の歴史、特に都市改革の歴史があっての話である。ここでは、横浜が、近代150年の短い時間に、実に数多くの都市構想を創り実践してきた事実を振り返る。開国の『新都市』として誕生し、『港湾都市』そして『工業都市』、『住宅都市』として成長と拡大を続け、一方では多様な都市問題や災害、戦災や接収を経験した『課題都市』でもあった。1859年の開港から150年間の都市史を俯瞰すると、50周年が都市改革の節目となった。50年程度のスパンで、時代は変わり社会は変革を求める波動がある。都市や生活のための空間も変わる必要がある。

3-1 開港都市の新構想 1859

横浜の開港場建設は最初の近代都市計画と理解できるが、一方では最後の近世都市計画とみることができる。近代と近世、あるいは西欧と日本が共存する都市が構想された。1854年に「横浜開港」が決まり

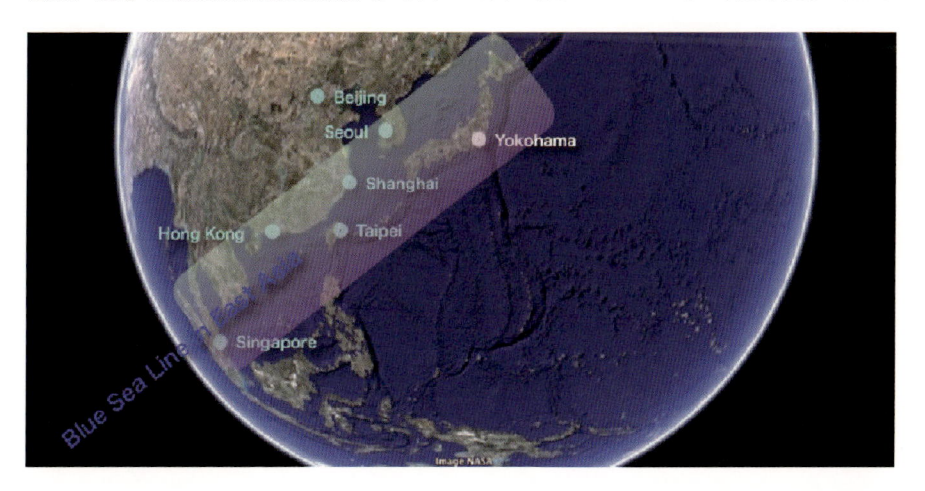

海都横浜構想2059 〜未来社会の設計〜　125

1859年3月には外国奉行が建設計画を提出し、着手したのは同年の4月1日であった。しかし7月1日に英国公使オールコックスらが視察し、忽然と現れた新都市に驚いた様子が伝えられている。新構想は、中央に波止場と官庁を配し、左右に外国人街（居留地）と日本人町（商人地）、両者を貫くメインストリート本町通りと空間が構成された。

1866年の大火の後には、街路や公園、防火帯や下水道、山手住宅地開発などの空間計画が御雇外国人技師の手によって実施された。中央の防火帯である日本大通が計画され、沿道の敷地整除や建築の不燃化対策が同時に行われた。基盤整備から町並みが一体に整備され、街の管理運営は居留地や日本人町につくられた自治組織にゆだねられるなど、総合的な空間計画が実現された。

3-2 工業都市への構想 1910

開港50周年である1909年（明治42）は、都市化や周密化、衛生問題、横浜経済の停滞、自治体経営問題、資本家と市民の台頭、民権運動といったキーワードがあった。市原盛宏第四代横浜市長は、1903年就任し『横浜市今後の施設について』という演説において構想を示し、1910年に横浜市設備調査委員会が構想計画を描いた。港湾整備や工業地区指定と工場招致条例などの工業都市を構想し、一方で衛生地区指定にみられる環境改善を示した。1909年は人口40万人を超えていたが、重税や失業、公害という苦悩から「社会改革を求める市民運動」が起っていた。

この時期の都市構想に影響力をもったひとりが、三宅磐である。大阪朝日新聞記者として都市問題や政策を論じ、横浜市政顧問に招聘された。三宅は「都市の研究」を出版し、拡張にともなう問題を指摘し「人口の散開」（衛生都市やグリーンベルト）と「財政再生」（公営企業論）を提唱した。また、いたずらな経済的繁栄策（工業化の推進）は市民生活を豊かにしないと指摘した。市原市長に始まる横浜の方針は財界や市民の支持を得て、港湾整備や京浜工業地帯の造成が進み、馬車道や元町、中華街など特色ある町も生まれて、繁栄する都市の姿を実現した。

3-3 統合する都市構想 1965

開港100年である1959年（昭和34年）は、高度経済成長と急激な都市膨張や人口増、交通問題や公害問題、3割自治、政治的混乱などで語られよう。横浜の郊外部では、人口の爆発的増加とスプロールが、学校や供給施設も行き届かない劣悪な居住環境を生み出し、自治体にとっても深刻な財政の負担となった。飛鳥田一雄市長（1963年就任）は施政方針である『市政への考え方』において市民参加と自治体改革を提唱し、総合的な『都市づくり』と市民が理解できる『都市設計』、身近な環境を改善する『街づくり』を考えた。そのブレーンは浅田孝であり、企画調整局長として招聘された田村明であった。理念としては人間を中心に捉える都市構想への転換があった。

飛鳥田市長は「横浜の都市づくり構想1965」を発表する。基本は、「住みやすいまち」にある。また、都市づくりの担い手は、「多様であるが、真に町を造る者は市民自身であるべきで、目先のエゴイズムも、具体的な市民生活の実践の中で昇華されていくであろう。」として、具体的に「実行できるプランと実践機構、市民が参与できる」システムを提唱した。また、「市内部に企画を強力に実行できる特別の機構を必要とする。」とあった。これが企画調整局の設置となり、1971年のアーバンデザインチームの結成となった。

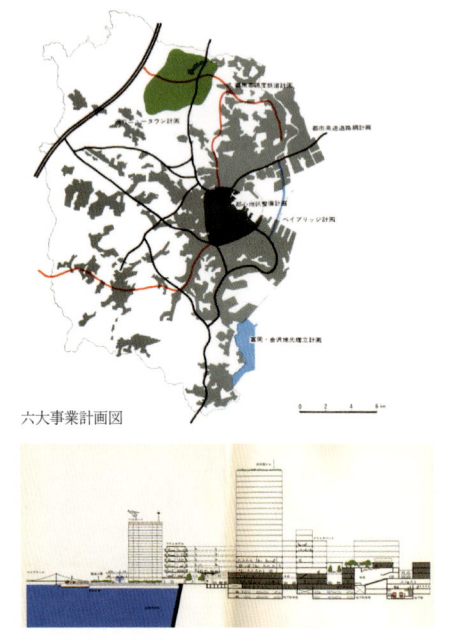

六大事業計画図

横浜市都心部強化事業1965と緑の軸線

開発と保存の共生・新港埠頭

港と個性

街区モデル

4. 横浜の構想とアーバンデザインの特性
4-1 横浜プロジェクト主義
1965年の都市づくり構想には未来社会が描かれていた。蓄積を整理し、「歴史的な意義としての港湾都市」、「内部的な経済と所得の源である工業都市」、「外部的な東京の人口圧力による住宅都市」の三つの面を資産として評価し、さらにそれらを統合する新たな目標として、港を中心にした業務地区において、国際色豊かな消費センターや国際交流を行う文化センターなどの事務管理機能と新産業による生産開発が連結した、今日的に言えば第三次産業を中心とした『国際文化管理都市』を目標とした。高度成長期に入った段階で、すでに「脱工業化」とそれに次ぐ都市の牽引力を『第三次産業』と捉えたのであった。

しかし、時代はまさに中央集権時代で『三割自治』と言われるほど横浜市には財源も権限もなかった。そこには選択と集中、戦略が必要であり、プロジェクトを実践しながらシステム（行政や財政、市民参加など）を改善してく方法が選択された。これが『横浜プロジェクト主義』であり、今日までもこの方法は継承されている。1965年の計画案では (1) 都心部強化事業、(2) 横浜ベイブリッジ、(3) 高速道路網、(4) 高速鉄道網、(5) 金沢地先埋立事業、(6) 港北ニュータウン事業があった。構想が作成されてから40数年が経ち、6つのプロジェクトは概成した。しかしそれ以上に、相互連携や相乗効果が新しいものを生み出してきた。例えば、横浜型の土地利用計画と開発規制であり、それが今や重要な緑地自然資源を残してくれている。

市民の求めるものもそして社会経済も変動してきたが、都市構想の基本的な枠組みは有効であり着実な蓄積がされてきた。構想には、変化するものと変化しないものが常に共存してきた。田村明（1971年都市デザインチーム活動開始）は、構想における未来予測は不確定なものであり「フレキシビリティを予測するのが当然で、全く固定したマスタープラン通り実行させることの方がおかしい」と指摘した。都市の構想や計画は、否定されるものではなく、高い志や理念を示し、実現する方法と戦略という工程を考え、市民との議論でそれがさらに明確なものとして浸透していくことが必要なのである。

4-2 アーバンデザインは公共的価値
横浜市のアーバンデザインは、1977年には日本建築学会賞を受賞するなど、専門家からその方法は高く評価されてきた。しかし、空間の全体像が見えてくるには時間が必要であり、2006年に日本グッドデザイン金賞を受賞し、一般にも認知された。構想と実現の間には小さな単位のデザインの積み重ねがあり、時間と手間がかかる。

1971年にアーバンデザイングループが組織され、実践段階となった。その基本となる空間計画は、(1) シンプルで分かりやすい継続性、(2) 情況に応じ戦略地区や戦略事業を決める柔軟性、(3) 空間の利用や形態に対する規制と誘導・公共事業の連携性、(4) 公民の小さな事業を積み重ねる漸進性、といった点に特徴があった。全体の空間構成を捉え、小さな部

海都横浜構想2059 〜未来社会の設計〜　127

分から形成原則（ガイドライン）やシステム（制度や組織）を生み出していくプロセスがアーバンデザインである。『公共的な意味や価値の実現』がアーバンデザインの目標である。断片化され基準に拘束された空間を統合し開放することで、本来の人間的な価値や都市の文化を取り戻す行為がアーバンデザインである。

4-3 重要なのは自由空地（OPEN SPACE）

「横浜の都市づくり構想1965」に示された原則は、日本大通や横浜公園という100年間の蓄積を利用して、港から山下公園そして大通り公園までの総延長5kmの『緑の軸線』、そして港を囲み山下公園からみなとみらい21へと続く総延長5kmの『臨海公園』というオープンスペースに重点があった。そこは人々が自由に活動できる場であり、新しい横浜という都市の価値が生まれる。構想から40数年間の時間をかけて、ようやく緑の軸と臨海公園という『自由空地』の姿が見えた。

「開港広場」は小さな広場であるが、緑の軸の重要な結節点である。また、集まり楽しむ空間としては適当な大きさと密度、親密性を計画した。しかし、周囲にある横浜海岸教会の保存など建築群の調整で10年がかかった。空間としては『群集の中の楽しさと都市の孤独。両方を感ずる空間』が目標であった。歴史的文脈、つまりは場の記憶や力を継承しひき出すことで魅力となる。

4-4 重要なのは歴史と文化

私は1977年から「港町横浜の都市形成史」の作成に取り組んだ。これを出版すると、横浜市内の歴史的遺産の総合的な把握を始めた。建築で1000件、町並で100件など数多くのリストを作成することができた。これをもとに、1986年には「歴史的環境保全整備基本構想」を作成し、1988年に「歴史を活かしたまちづくり要綱」を制定し、歴史遺産の保存活用に対する助成制度や容積・高さ等のインセンティブゾーニング制度をつくった。横浜市「認定歴史的建造物」は、174件（2005）となり、民間の保存対象が増加している。開発や相続等で困難な事例も増えており公的な保存の必要があり、市が所有する歴史的遺産も、赤レンガ倉庫などの大きな施設から山手の7つの西洋館など数も増えている。また、馬車道は商店街として「まちづくり協定」を結んだ最初の街であるが、古きもの、歴史遺産を大切にするこ

BankART Studio NYK

象の鼻パーク

創造都市横浜2004・National Art Park＝空間計画2006

とが、街の憲章に明示されている。

4-5 重視すべきは伝統空間

2004年中国西安都市圏において新都市の空間計画に参加した。500m四方の街区を基本単位とし、街路沿いに低層の公共施設や商業業務施設と併用併設住宅で連続した町並みをつくった。街区の内側は時代の要請に応じた住宅と職場が混在する。街区規模や空間構成は「西安」つまり「長安」の都の城址計画から引用している。40%の緑地面積を確保、空間開発戦略は30年を完成までの期間としたが、その後も改変ができる保留地が確保されている。各段階での公共交通や風力発電やバイオ発電のエネルギー自律などの環境負荷の軽減を図っている。

日本においても伝統的空間は都市的な生活を支援してきた。路地や空地、町会所などこれらを再評価することで我々の感覚にあったスケールや連なりを持った空間を手にいれる必要がある。これは風土にあった生活環境であり、結果として他との差異化が、それぞれの都市や地域、そして日本の価値を高めることにつながると考える。

5. 横浜の未来設計

私が参与を勤めた横浜市政は、2002年に前中田宏市長の誕生とともに、大きな変革を行っている。特に、都市の成長時代は終わり、非成長社会となりそして縮減社会に向かうという時代認識を明確に示した点である。これを前提とした社会システムの構築や都市の構造的な転換を図るという考え方である。日々の生活の中でも「縮減」は体感できるようになってきたが、「成長」という目標が定着した中で、次なる時代の目標や理念を描くことは難しい。しかし「成長」も近代の感覚であり価値観である。成長は、「進歩」や「開発」という概念から展開して、資本主義そして経済市場主義と呼応してごく短い時間で定着した理念であり、感覚である。しかし、成長を支えたグローバリズムは一元的な世界システムをつくり、都市や地域の個性の喪失を招いてきた。日本が直面する「縮減社会」は、持続性と受容性の高い都市への転換を求めており、新しい社会の形と空間計画を求めている。

5-1 縮小社会の空間

日本の人口推計は変化の大きい時代であるが故に難しいが、大きく減少することは確実である。また、経済成長も縮小均衡へと移行しつつある。現在、1億2千万人あまりである総人口は、2050年では8千万人、2100年では3千万人という予測もある。2100年には、近代以前、およそ150年前の人口に戻るということである。2017年から横浜市の人口も減少していく、市内には人口減少が進んでいる地域も数多くある。開発時期や立地条件による差が空間上にも現れるが、魅力がある地域は活動を維持できる可能性も高いとも言われている。しかし郊外地域での減少は一様な傾向ではなく、大きく減少する地域もあればしばらくは増加をする地域もある。

5-2 創造都市構想2004

都心部活性化検討委員会の最終提案では、2008年度までの目標値をあげた。(1) アーティストやクリエイターなど創造的な活動に係る人々が住みたくなる環境の実現により、都心部に5,000人の活動や居住を見込んでいる。(2) また創造的産業の集積やクラスター形成により、関連雇用を30,000人とし、(3) 魅力ある資源の活用により、文化観光の集客装置を100ヶ所とし、さらに市民の参加やNPOや市民組織を通じた主体的な参画を期待した。あくまでも、象徴的な意味での数字であり、この達成からさらに多面的な効果を期待していることは言うまでもない。

都市の評価尺度も「都市の文化」という基本に立ち返った。なぜ都市に人や活動が集まるのか、なぜ産業が興り活力が生まれるのか。その答えは文化であり都市の持つ創造性に他ならないからである。「都心部活性化検討委員会」では具体的な効果として机上の構想だけでは説得力に欠けるのではという意見により、「戦略プロジェクト」の立案、さらに踏み込んで「実験的事業」とその検証から、構想計画を精査し、政策や事業を立案するというプロセス・プランニングを採用することとなった。

5-3 戦略プロジェクトと実験事業

(1) クリエイティブコア・プロジェクト (「創造界隈形成」) では、歴史的建築物や倉庫、空きオフィス等を再生活用して、アーティスト・クリエーターが「創作・発表・滞在」できる「創造界隈」を形成する。そのための改修費補助、家賃補助、資金調達を容易にするファンドを創設する。(2) 映像プロジェクトでは、特に成長が期待できる映像関連産業の集積による雇用や賑わいづくり、制作スタジオ、劇場・エンター

テイメント産業、大学等機関の誘致と誘致条例等を創設する。(3) ナショナルアートパーク・プロジェクトでは、みなとみらいから山下ふ頭に至るウォーターフロント一帯を、2009年の開港150周年記念事業として、あるいは羽田空港国際化に対応する拠点としての「ナショナルアートパーク」としてのエリアビジョンとする。2005年の第2回「横浜トリエンナーレ」(山下ふ頭)を契機に臨港地区について再生を進める。

これらのプロジェクトには、横浜の個性や特徴、あるいはその持っている都市資源の活用が最も重要な視点であった。「港」という交流空間を再生し、「歴史」の魅力ある空間を保存し、市民が楽しめる独自の環境を創り出していく。

5-4 ナショナルアートパーク構想

実験事業や民間の意欲的な活動などもあり、徐々に様々な人が横浜に集まり活動やネットワークの幅が広がってきた。横浜市も、「文化芸術創造都市—クリエイティブシティ・ヨコハマ」の実現に向け、2004年4月には文化芸術都市創造事業本部を設置した。本部は2年の間に一定成果を出すが、もとより実現には市民や企業、NPOをはじめ、自治体、神奈川県や国、関係機関が、それぞれに活動の担い手として役割を果たすことが成否を握っている。2004年9月には学識経験者や専門家、国、地元、関係者等からなる「(仮称)ナショナルアートパーク構想推進委員会」を設置した。開港150周年にあたる平成21年を目標年次として、重点地区の方向性を示すとともに必要な政策の提言をした。特に、『文化芸術分野での創造性を高めることにより、都市の新しい価値や魅力を創造し、世界に発信していくことが「創造都市」であり、今後横浜が、アジアから世界に発信する活動拠点となることが望まれています。横浜都心部や臨海部を創造的活動の舞台として、世界に向けてアピールすることができるようにさらに構想を練り、早期の実現をめざすことが重要です。』として、アジアに向けた戦略を前面に打ち出していることも新しい視点である。

個々人の「個性」や「発想」が充分に活かされ、その総和としての都市と公共性を示す都市を築くことができるかが、今日的な課題である。次なる時代は、国の政策が主導するのではなく市民の発想と力が生み出す自由な都市を構想したい。

横浜はそれにふさわしい場であり、これからもまた先見的な取組をしていく場となるであろう。横浜スタイルと言われる次世代が求める豊かな生活と空間、活動がこのエリアから発信されるであろう。スタジオ、シアター、ギャラリー、ライブハウスなどが複合された、エンターテイメントの新しい形が横浜に見えてくるだろう。都市を楽しむ、時間を楽しむ、文化を楽しむ、新しい都市の生活が横浜から始まる。

6. 海都横浜構想2059

横浜は近代都市であり戦後の高度成長期に急激に拡大した都市であり、物理的にも社会的にも構造的な転換を求められている。中心部である内港地域の横浜インナーハーバーを考えることは、横浜全体の問題を考えることとなる。さらに郊外を含め横浜がもつ今日の課題は多くの世界の都市が経験することであり、またアジアの成長する都市にとっては先駆的なモデルとなる。都市構想は、まず次世代の都市像や生活像の基本となる理念と目標(指標)を整理することから始まった。

6-1 基本理念は『人間を中心とする幸福な都市』である。

①人間中心の都市

横浜市民が、最高の幸福と豊かさを実感できる都市。個々を尊重する社会、精神性を尊重する社会。さらに市民相互の絆や安心の実現に向けて、あらゆる施策や計画、社会制度やシステムが、人を重視し、市民が人間として発展できる都市環境や都市社会を構築する。

②人材を活かす社会

人材と知財を涵養する都市。今後の社会においては、ゆとりや遊び、楽しみといったサービスを提供できるような、他では代替不可能なクリエイティブクラスの人材が重要となる。芸術などの創造活動をベースに、創造産業や先端産業などの知価産業、さらにはコミュニティの活性化や都市再生など、広く革新的で創造的な活動を続ける。近代的な技術と伝統的な技術の融合により付加価値の高い産業を創出する。港湾や産業の革新、ものづくりの継承、観光や交流、コミュニティビジネスなどのマイクロ企業など公正で多元的経済を形づくる。

③都市文化の展開

日本の伝統や文化の再評価、横浜の遺産や風景や歴史の保存と継承、さらに日本の先端文化を育む都市。国際的な文化や芸術の交流拠点として、国際機関の

立地やその支援など国際的な役割を果たす。

④持続可能な環境
生態系の多様性の維持と自然の回復を進める都市。低炭素型社会を定着させさらに大幅に進める。再生可能なクリーンエネルギー産業の発展、地域内での熱供給・排熱処理システムによるエネルギー供給、生産的な緑化、環境に寄与する建造物などにより、資源循環型の産業や生活、そして都市構造への転換を進める。全体としてコンパクトでクリーンな都市構造と社会構造を採用する。効率的で個性的、また時間の流れの中で成長していく空間の計画とデザインを永続的に行う。

⑤強力な地方政府
多様で小さな活動と組織が協働する自律分散型の都市。多様な個人の存在を受容する開かれた市民社会、多元的な都市を形成する。国と同等の役割を担う自治体、地方政府をめざす。同時に市民組織や地域社会への分権を適正に進め、民の力を育て、それらの小さな力が集まり力強い都市を生み出す。適切なガバナンスにより効果が発揮される。

6-1-2 横浜指標を考える。
横浜の将来を築くためには確実に積み重ねが必要であるが、そのための指標を整理しようとするものである。今後数字による整理を行い、評価そして目標値として活用する。将来の施策や公民の諸事業が向かうべき方向を示し、かつそれらを常に評価して、構想計画にフィードバックする社会指標として次の領域や項目を検討している。
1 空間の質の向上
2 環境と生活のバランス
3 豊かな時間の獲得
4 多文化の集積地
5 持続的な産業構造
6 個人とコミュニティの力
7 適切な統治

6-2 自律したコミュニティや小さな単位が全体を創る。
また、日本は『分権社会』を着実に進めていく必要があるが、一方で市民に身近な地域や町やコミュニティのレベルにおいても自律的な地域の自治運営システムが確立されるべきである。魅力ある地域やコミュニティの連合によって、都市は支えられ、魅力ある都市の連合によって国や国境を越える海域の環境と活力が維持される。

横浜にも多くの魅力的な地域がある。横浜のインナーハーバーエリアをみても、山手、野毛、三ツ沢などの自然にも恵まれた住宅地域もあるが、関外や戸部、神奈川などには歴史ある地域も広がっている。関内やみなとみらいという業務商業の中心である都心と他の港湾地域や工業地域の再生、あるいは郊外地域との連携によって新しい横浜が生まれる。地域が自律しそれぞれに魅力や活力を持ち、それらが分散的にひとつの連合というシステムにまとまることで、全体としての魅力や効率性、環境性も高まっていく。それが横浜の力となる。自律分散には地域社会やコミュニティという人々の関係から始まり、自治の単位、福祉教育などの自己決定ができる社会政治的な単位などのネットワークが考えられる。

6-3 スマート・コミュニティ・グリッドを創る。
それぞれの地域やふ頭は自律した多機能なコミュニティ（アーバンビレッジ）。さらに、コミュニティをベースに、エネルギー・グリッドを始め、廃棄物処理あるいは、緑地環境から教育、福祉、さらには、地域運営までの、小さな単位で自律分散的に行う『コミュニティ・スマート・グリッド』を構築する。これにより大きな社会基盤施設をつくるのではなく、小さなものを繋ぎ組み合わせることで、柔軟性と冗長性を確保する。結果としても、適切な投資となり、管理運営面でも持続的な社会システムとなり、さらには地域の自立を高める社会となると考えている。

6-4 全体が多層に構成される。
50年の期間には大きな社会変動が予測され、確定的に描くことは意味がない。構想では、多層な空間構造と重層的な活動が営まれる都市を目標とする。このような大きな目標をみせることで、人々の理解を進め、将来像の実現に向けた着実な蓄積や、各層相互に影響しあうさまざまな効果をもたらす。

6-4-1 開放するリング構造
効果的な都市構造と社会構造を支える3つのリング。内港を囲む地域は、それぞれに核となる活動や機能、施設を持ちながらも、その活動は全体に緩やかに広がり、各地域はリング状に繋がり自由に往来できる構造を持つ。(1) ブルーリング：水面と水際の緑と水上交通などの移動空間、(2) オレンジリング：市街地

を結ぶ交通と公共の空間、(3) グリーンリング:外環の緑の帯。大学や大規模公園、斜面緑地などの連続と質の高い住宅地。

6-4-2 超複合都市の構想

「超複合都市」とは、重層的な活動が営まれている都市である。これは合理的で長期的な投資を支える重要なシナリオとなる。「超複合都市」実現を通して、多様な産業の立地、職住接近、インナーハーバーの空間を生かした環境整備などの効果を生み出し、地区内に10万人の人口を増加させる。さらに、大学などの公共公益部門、国際機関や産業の転換、新規産業は新たに20万人の雇用を創出し、国際的な観光や交流により観光客は年間6千万を越え、滞在客も1万2千人となる。10万人の外国人が活動。シンボル・スペース。水上の劇場、大規模スポーツ施設群など新しい文化観光、健康エンターテイメント。
水面や水際の自由に使える空間を増やし魅力あるものに再編する。豊かな人間生活を送る「文化」「健康」「観光」に着目し、それらを牽引する魅力あるシンボル施設を挿入する。

①生活する都市:多様なライフスタイルが生まれるクリエイティブな人が自由に暮らし働き交流する。水上交通や水上や水際の生活が、多様で活力あるコミュニティを生む。水上交通を利用し時間的にコンパクトな都市空間が生まれ、子どもと高齢者/仕事場と住宅/住宅と公共施設などコミュニティの重なり合うコミュニティに根ざした自然な「共助」のしくみが実現される。

②イノベーション都市:常に新しい産業活動が生まれる。創造都市構想を発展させ、研究開発により新しい産業、ものづくり産業、特に環境産業や健康産業を育てる。研究開発施設・大学の「ラボ」立地促進と国内外からの人材により世界的なレベルの研究開発拠点となる。それをささえるものづくりの多様な人材の交流拠点整備と中小ベンチャーの育成をしていく。

③交流する都市:国際、大学、文化という場が生まれる。羽田空港国際化を活用し、さらに港などのインフラを整備しながら、外国人居住・ビジネス・交流の空間を整備し、既成市街地を含めて外国人の観光や居住、活動を支援する。インターナショナル・パークは、外国人が自由に居住やビジネス、研究開発を円滑に行える国際生活特区である。世界各国各都市の機関に貸与し、国際的な文化やビジネスの集積拠点を設

置する。(瑞穂ふ頭)

④アーバン・キャンパス:新大学構想
横浜の文化や環境、立地性を向上させて、新しいタイプの大学を複数の大学の共同により設立する。360万人の市民の力を活用するアーバン・キャンパス。3万人の学生が活動する。

6-5 2つの基本インフラ
6-5-1 呼吸する都市:エコ・デザイン

環境を中心に再編。環境を制御する新しいゾーニングを導入するなど低炭素社会のモデルとなる。また、内水面や河川など水を制御(水質や水位)し活用す

るなど、自然から構築物、移動、産業などの統合的なデザイン。
(1) 環境ゾーニング:環境への負荷や貢献から適正な密度をコントロールする。
(2) ローカルエネルギーとマイクログリッド:地域の小さなまとまりで自律したシステムとする。
(3) 浜風の道:港から市街地へと風を取り入れ、内水面及び河川の市街地を再編する。

6-5-2 移動する都市:モビリティ・デザイン

水上モビリティやパーソナル・モビリティを導入し、自由な移動を実現する。活動を高めるためにリング状の新しい公共交通システムを挿入する。人間中心の自由移動がデザインされる。
(1) 水上モビリティ:水上交通、水上施設、水上住宅などの活動空間。
(2) リングモビリティ:パーソナル・モビリティ、新交通システム、高速電気バス網。既存鉄道の乗り入れ。小さな公共交通網:自転車やセグウェイなど小規模な
(3) パーソナル・モビリティが自由に使え、ヨットやクルーズ船、小型ジェット空港の充実。シェアリングや自動車交通規制が環境負荷を軽減する。

6-6 地区空間のイメージ

それぞれの地区が個性を発揮するような計画が必要である。水面上に様々な生活が生まれるユニークな都市。居住、就業や学業の場でもあるリブワークエリア、質の高い住宅もあればアフォダブルな高齢者向けや若者向けの住宅、学生寮などが混在するコミュニティエリア、研究所や安全な工場やオフィスと住宅が混在するコンプレックスエリアなどがある。無目的・多目的な広場がにぎわい、都市のうるおいとなる。主要な課題を整理すると、当面以下の3つが見えてくる。ひとつは「環境負荷の小さな持続可能社会」(サスティナブル・シティ)であり、2つめは「多様な人々と多様な価値観が受容される共存社会」(マルチカルチャー・コミュニティ)であり、3つめは「個々の生活の質(人間性や創造性が発揮)が保たれる成熟社会」(クリエイティブ・シティ)である。新しい時代の方向というよりは、近代社会の反省点であるが、これらが真剣に取り組まれた先に新たな理念が生まれているのではないだろうか。

空間計画は、生活空間から出発して、いずれは、都市や地域の空間とそのシステムを変えていく。さらに、国土のそれぞれの資源の保護と配分、超国家の空間活用などでシームレスな関係を構築していく必要がある。

横浜クリエイティブシティ国際会議2009

アーバンデザインの可能性
横浜20年の軌跡と展望

西脇敏夫｜横浜市都市デザイン室長
北沢 猛｜同担当係長
国吉直行｜同主任調査員

SD別冊 NO.22 都市デザイン｜横浜 その発想と展開（1993年11月発行）より

都市デザインの導入

横浜の都市づくりの手法として、アーバンデザイン（都市デザイン）を取り入れ、担当の組織が設立されたのは、正確には今から20年前の1971年である。その間に、都市を巡る状況も変化してきたが、都市デザインを担ってきたこの組織は、一貫して横浜の都市空間の質的向上を目指し、そしてある程度の実績を残してきた。横浜の都市デザイン活動を振り返ると、まずその出発点での時代を語らねばならない。

東京オリンピックの翌年、1965年には「横浜市都市美対策審議会」が設立されるなどの前史がある。この時期は、高度経済成長期にあり、急速な工業等の集積や人口の増加に対応しなければならない大都市やその周辺地域にあっては、「宅地開発指導要綱」や「公害防止協定」など自治体独自の方法によって、生活に最低限必要な環境保全を図らなければならない防衛的時代を迎えていた。積極的な環境形成方策を取り入れるのは、困難であった。しかし、こうした時こそ、環境の制御・開発の抑制や基盤施設の整備を進めると同時に、都市デザインを実践する意義があったのである。つまり、急速に発展する都市の活力を、良好な都市のストックとして適切な方向に導く新しい計画や手法が必要なのであった。都市デザインが、我が国で本格的に取り組まれたのは、1970年代に入ってからである。自治体の場において芽生えそして実践されたのである。1960年代に、アメリカで都市荒廃への対抗手段として都市デザインが採用され、都市空間の再生により活性化を図った流れに呼応しているものと言える。この10年の遅れは、都市化や荒廃のスピードの差でもある。それぞれが置かれた社会的背景や都市化に伴う問題は異なったものであったが、出発点での考え方や方法には非常に近い内容がみうけられる。しかし、その後の展開においては、それぞれの文化、社会、制度的な違いもあり、徐々に独自の道を築きつつある。ここでは、横浜の都市デザイン活動を通して、我が国において都市デザインがどのように発展してきたのか、その過程をたどってみる。さらに、都市化とそれを支えた経済効率主義や機能主義に対して、人間的環境を主張するという「対抗手段としての都市デザイン」から、「都市市民が求める生活像・都市像を築いていくための都市デザイン」への展開を考えてみたいと思う。

1.都市デザインの基本的目標

都市空間の改善に際しては、民間企業や個人の施設も含めての「公共性の追求」が、都市デザインにおいてまず取り組まなければならない課題である。その場合の基本原則は何か、1970年に設立された都市デザイン担当が、当初その目標としてかかげたのは次の7つである。

1) 歩行者のための環境を擁護し、安全で快適な空間を提供する。
2) 都市の自然的特徴、地形や植生を大切にする。
3) 過密な市街地内にあっては、オープンスペースを確保し、緑を増やしていく。
4) 人と人との触れ合いやコミュニティ活動の場としての広場をふやしていく。
5) 海や川、池などの水辺空間に人々が触れられるように保全と活用を考える。
6) 都市の持つ歴史的背景や残された歴史資産を保全し、文化資産を尊重、育成する。
7) 最終的に、都市の形態や視覚的な美しさを追求する。

「都市デザインの7つの目標」は、歴史・自然・水辺などの環境資源の保全、そして歩行・遊び・憩い・文化などの活動、街なみや景観といった形態についての生活者としての基本的な要求であった。裏返せば、この基本的な事柄が顧みられない時代であったと言える。機能性や経済性の追求の前に、後に追いやられた人間的価値の復権が最大の目標であったのである。これらの目標は、今日ではごく常識的なことに写るものである。しかし、実現に際しては、困難な問題が伴うものであった。まず、都市空間の生

成を適切に支援し制御すべき法制度や基準が機能性や経済性を念頭につくられたものであるという都市の社会的基盤がこれを阻むのである。さらに、都市を構成する様々な施設の相互関係の欠如が問題である。建設や管理の主体が、それぞれの目的や原則を優先するが故に、関係する施設や主体との調和や連携について、配慮することのできない仕組みとなっていたのである。このことは、行政内部において、端的に現れるものであった。縦割りの行政機構や相互関係を持たない施設建設の改善を図り、総合的な計画とその実現が、まず取り組まなければならない課題であった。

2.自治体における実践と展開

都市デザインは、我が国においては、単に理論や技術としてではなく、実践の方法として採用され、定着していったことに注目しなければならない。したがって、アメリカに比べその社会制度上での位置付けは、依然として弱い面がある。しかし、その一般化や普及の速度は、我が国の方が早いと感じられる。横浜における実践を見ても、最初の5年間つまり1970年代前半は、都市デザインの普及を図るモデル的性格があった。都市の基本的な構成要素、たとえば道路や公園をはじめ公共の施設、公的な支援を受ける商店街改造やニュータウン建設について、都市デザインが取り組まれてきたのである。そして、行政内の連携や民間企業や地元との連携を図るためのシステムや制度の整備も併せて行われてきた。開発や建築の主体と自治体の話し合いによってまちづくりを進める「事前協議地区」が1975年頃から増えていった。また、地元の自主的な「まちづくり協定」の締結、あるいは都市環境への貢献にインセンティブを与える「市街地環境設計制度」の適用が進んでいった。一方で行政内部の連携を図る「プロジェクト方式」や「地元との合同委員会」によって、自治体組織内やこれを越えた「横の関係」が生まれてきたのである。

都市の環境改善に注がれる力は、1980年代に入り、急速に進展する。横浜を始め、まず多くの自治体において、環境整備や景観整備のための事業や組織が拡充されていった。70年代半ばには、すでに京都や神戸において「景観条例」が制定されていたが、80年代には、多くの都市で景観形成や歴史的環境の保全についての自治体の制度が制定された。こうした制度の充実が、都市デザインを進展させる大きな要因となった。また、こうした動きに支持される形で、国においても、都市の環境整備に対する施策や事業が増加したのである。特に、1975年の文化財保護法と都市計画法の改正によって「伝統的建造物群保存地区」が制度化されたことは、全国に大きな影響を与えたのである。文化庁と建設省の連携したこの施策は、その後の省庁間の協力を期待させるものであった。しかし、それ以後国が進めたモデル事業といわれる施策は、表面的でかつ縦割り行政の域をでないものであった。総合的に取り組まなければならない都市デザインは依然として自治体の努力と創意に負うところが大きいのが現状である。

その一方で、1980年代にはいると、「民活」という言葉に象徴される第2の「都市化現象」が起こり、都市環境の形成に新たな問題が加わったのである。土地価格の高騰ひとつをとっても、環境改善の努力を上回るスピードで進んでいった。都市デザイン活動は、まだ自治体の内部の活動に留まっており、しかも「景観や美観」も表層的な事柄に重きが置かれていた。したがって、このような基本的な問題への対応や改善の場に登場することなく、相変わらず応急的処置に追われている現状が浮かびあがってきたのである。

3.都市デザイン活動

創設期は、環境改善に対する市民的な評価や要求が表面にでにくい時代にあったため、都市デザイン活動を支える力が弱かった。1980年代後半に入って、ようやく社会的な認識が高まり、開発と環境整備が

同時に考えられなければならず、且つ具体的な接点を求めていく必要があることが理解された。市民的な支持や要求が高まるなかで、自治体行政としても、環境改善の方法としての都市デザインを積極的に取り入れるようになってきた。このことは、都市デザイン活動が続けられてきたこの10年の意義でもあった。都市づくりにおいては、確実な展開、つまり時間をかけ都市の在り方を見つめながら、さらに多くの人々の実質的な参加と協力のもとに進めていく必要性が認識されたのである。

都市デザインは、最終的には、都市空間の形を作り出すのであるが、そのためには、人々の生活様式（日常生活・文化・芸術）や都市の機能（交通・流通・生産・経済活動）、形態（建築・公共空間）など全てがかかわっている。これまでの都市計画が、交通や土地利用を基本とした2次元の計画であることに対し、都市デザインは、空間という「3次元的計画」である。さらに、事業スケジュールという時間軸だけではなく、長期にわたる蓄積としての都市像を描き、そこに向かう様々な活動についての視野を持つ「4次元的な計画」へと展開することが可能である。

また、デザインという「形」を言語としてこれらの都市の様々な立場や主体を総合化していく方法でもある。もっとも議論しにくく、共通の理解を築きにくい都市というフィールドで、多くの人が参加し考えうる有効な方法である。その意味で、今後の都市づくりの中心的役割をはたすものと考えられる。

都市デザイン活動の変化

都市デザインの推進者は誰か、アーバンデザイナー（都市デザイナー）という職能が求められてかなりの年月が経つが、いまだに我が国では確立していない。では、アーバンデザイナーとはいかなる職業なのであろうか。その発展には、幾つかの段階があった。1960年代の高度経済成長期においては、大都市の機能主義的都市計画を「絵」にして見せることが都市デザインであった。それまでの都市計画が、具体的な開発像を描くことがなかったが故に、革新的な変化とも言える。しかし、これらの都市デザインには楽観主義的であり、一面では経済性・機能性偏重の都市計画を支え、都市の乱開発の矛盾を覆い隠すこととともなった。

この時代の都市デザインは、都市計画家というよりも建築家がその中心的役割を担っていた。これが実際の都市づくりに反映されずに終わり、幾つかの新都市（ニュータウン）等において実践された以外、現実的な力を得なかったことから、都市デザインの空白の10年間があった。その時代にアメリカでは、さらに深刻な都市の荒廃（空洞化）の時代をむかえ、都市経営の視点からも、都市デザインが取りいれられている。この担い手は、都市計画家と建築家の中間に位置し、「個々の建築をデザインすることなく都市をデザインしていく」、言わばシステムデザイナーとして成立していたのである。

我が国と違い、都市の空間に関するデザインの諸分野、例えばランドスケープデザイン、公共建築、パブリックデザイン等に多くの経験と人材をもっていたことやアーバンデザイナーの育成に力をいれていたことを忘れてはならない。多くの場合、関連するデザイナーの共同作業で実際の空間が生まれていた。アーバンデザイナーは、共同する場を提供し、共通の目標を提示する立場であった。むしろ、空間の実現に要する社会的政治的認知や制度化、資金等の事業化をオーガナイズするのがアーバンデザイナーであるとされていたのである。ここでは、都市デザイン活動の変化を、我が国のアーバンデザイナーの役割の変遷から整理してみる。

1.1970年代＝アーバンデザイナーの資質

1970年代以降徐々に必要性が認められてきた我が国においては、残念なことに都市の環境にかかわる様々な分野のデザインが未成熟であった。したがって、初期のアーバンデザイナーは、個々の施設デザインを自ら実施できるデザイナーでもなければなら

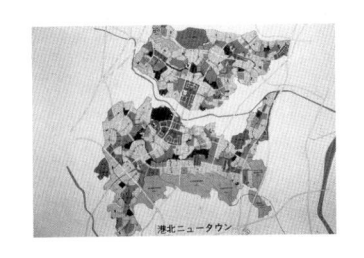

港北ニュータウン

なかった。
横浜市では、1960年代の後半には、大通り公園や地下鉄などの大規模で影響の大きい事業では、「設計委員会」方式で様々な分野のデザイナーの参加を求めてきた。建築家や工業デザイナー、造園家、彫刻家などである。単なる検討委員会ではなく、実際の設計作業にも参画する実践的な委員会である。これらの経験を通して、行政内部のデザイン組織の在り方を検討していったのである。
1971年に設立された当時のメンバーは、岩崎駿介氏（筑波大学社会工学系助教授/当時）をチーフに小人数で構成された。具体的な設計を実践できるメンバーをもった「設計集団」でもあった。と同時に、用途地域の指定や環境設計制度の策定などの都市経営上の考察についても、役割を担っていた。自治体行政内においては、都市づくりについての政策が一元的に進められていた時代でもあり、基幹的事業計画や規制的計画との連携が十分に図られた。また、図らざるを得ない都市的状況であった。この総合政策が、都市デザイン活動の基本にあったのである。

2. 1980年代＝アーバンデザイナーの役割
1980年代にはいると、既成のデザイン分野から外部環境、都市環境に関するデザイナーが生まれ始め、ショッピングモールやプロムナードなど、質の高い空間が数多く造られるようになってきた。これに伴い、横浜の都市デザイン室の役割も少しずつ変化していった。まず、自ら設計することが少なくなり、都市空間のコーディネーターとしての役割が中心となった。このことが、都市デザインの地域的展開やテーマの拡大をもたらしたと言える。
　郊外部における、身近な生活環境の改善、例えば「区の魅力づくり」計画も、こうした中から生まれたものである。小さな公園や広場、川沿いの道など、できるだけ数多くの空間をいかに市民の使い易いものとするか、外部の環境デザイナーの参加によって、実践されていった。

アーバンデザイナーは、都市空間の形成のためのコーディネーター機能を充実させ、実現のための「プロセス」をつくり、運営していくオーガナイザーとしての歩みをようやく始めた時期でもある。1980年代の後半になると、横浜の都市デザイン室の構成メンバーも、建築出身者から、土木や造園などの職種を加え、さらに内部の人材を育成する方向へと変わってきた。外部の専門家との連携はさらに深まり、その分野も、照明デザイナー（ライトアップ）、芸術家（都市と彫刻）、歴史家（歴史的建造物の保全）、イベントプロデューサー（空間演出）などとなって、さらに幅ひろい活動が可能となったのである。
都市デザイン活動の拡大は、自治体行政内においては、組織の拡大や制度の整備となって現れる。これは、評価されるべき点であるが、固定的な仕事が増えることで、他の組織との連携が図りにくくなるなど、総合的な活動にやや障害をもたらすようになってきた。

3. 1990年代＝アーバンデザイナーの課題
依然として都市の環境に関するデザイナーは不足しており、限られた人が多くの地域で活動するための弊害も生まれつつある。都市デザイン活動の定着のために、モールやプロムナードという比較的理解されやすく、効果的な手法を編み出してきたが、あくまでも都市やその地域の再構築が目標であり、これはそのステップ、戦略として採用してきたものである。しかし、モールなどが広く用いられるようになり、それが都市デザインそのものであるという誤解を生んできたとも言える。この誤解は、都市の健全な発展というよりも、表層的な美化にとどまる危険をはらみ、都市デザインの発展の障壁となるとも考えられる。例えば、アーバンデザイナーの育成が本格的に取り組まれないのは、簡単なデザインの応用分野であるという意識が妨げてきた面がある。大学などにおいても、都市の経営や環境、文化、交通、形態、と幅広く総合的な教育が行われなかった。また、自

治体もその育成に力をいれてきたわけではない。横浜もこうした努力が十分とは言えないが、組織があることから、ここで経験した人材が徐々に増え、様々なセクションで、都市デザインの思想をもって、活動していくことで層が広がっていると考えている。

4. アーバンデザイナーの今後

アーバンデザイナーは、都市の将来像（必ずしもビジュアルなものではないが）に向かって、都市の文脈（歴史や文化、地形、活動）の上にこれを描く。そして、都市空間を実現する方法を選択提示する。さらに、様々な社会経済政治的力学を考慮して、実現にいたるプロセスを考案するのである。また、実現までの各段階において、参加の仕組みをつくり、企業・行政・市民などの主体間の調整を行うのである。プロセスの進行を適切に行うリーダーシップとその間に関わる多くの専門家や利害関係者の意見を集約していくコーディネーターとしての能力を問われるのである。

今後さらに、市民の実践的な参加によるまちづくりが、進展していくなかで、こうしたコーディネーターとしてのアーバンデザイナーが求められていく。自治体内部のアーバンデザイナーにも言えることであるが、外部のアーバンデザイナーの人材に求められる。つまり、自治体もこの時点では、ひとつの利害関係者であり、中立的な立場の調整者ではない場合もある。また、地元や地域の主体的なまちづくりが、さらに進むためにも、その地域アドバイザーとしてのアーバンデザイナーが質量ともに必要とされている。

当然の事ながらアーバンデザイナーは、一人ではその仕事を実現できない存在であり、サポートシステムが必要である。そして支援者としての自治体の役割も大きくなっていくのである。例えば「横浜市歴史的資産調査会」がある。これは、歴史的な環境の保全と活用に関する調査や提案を行う組織で、歴史家、建築史家、建築家、都市計画家、保全団体のリーダーなどで構成されている。都市デザイン室との連携により、所有者への行政的な支援とともに、学術的技術的な支援も可能となっている。こうした組織がさらに多種多様にでき、幅ひろく活動できることが重要である。

いずれにしても、自治体は、その都市や地域に対して、永続的な視点を持ち、そこでの都市デザイン活動を中心的に進め、また支えていくべきものである。ごく最近の動向として、神戸や京都などの自治体において、市民や企業市民が自主的に行う活動を支援する「都市デザイン基金」が設立されたことは今後の方向を示す現象と言える。

都市デザインの戦略

1. 都心部から郊外部へと展開する

1970年代は、都心部を中心に行われてきた横浜の都市デザイン活動。都心部に集中した計画や実践は、意識的にとられた戦略である。勿論、環境の改善に必要な人材や資金はそれほど十分な時代ではないがゆえに、都心部に限定せざるを得ないという背景もあった。しかし、これは、都市のデザインがいかに地域環境改善に可能性を持つものであるかをより効果的に「見せる」ための戦略であった。この10年間に、都心部の骨格をなす「緑の軸線」（延長約3km）が姿を整え、沿道の開発誘導が街に潤いと特色を生みだしてきた。また、これと平行する「商業軸」も再整備され、商店街の自主的な「まちづくり協定」方式による蓄積が進んでいる。このようにして、来訪する市民がその効果を体験できるまでになってきたのである。また、この間に行政内の連携やこれらの整備を進める手法の確立も行われてきたのである。その結果を踏まえて、1980年代には、活動の中心を都心周辺地域に移してきた。都心部の成果が、ある程度「見られるものになる」ことによって、周辺の既成市街地でも環境の整備を求める声があがり、これに支持されてのことである。横浜という広大な都市にあって、その地域がそれぞれが求める目標も

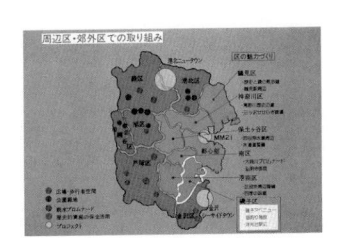

異なり、またその実現の方法もその主体となる人々も異なるものであった。
まず、都心周辺地域での都市デザイン活動のきっかけをつくるため「区の魅力づくり」計画に着手した。ごく身近な環境の改善。関係者がちょっとした努力を払うことで改善されるものを含め、計画を提出したのである。人口で言えば、20万から30万人が住むこの「行政区」という単位は、ひとつの都市と言える規模である。しかし、大都市の宿命で、地域自らが計画策定の権限を持たないものであった。ここでは、都市の中の「地域」を強調するための計画が策定された。地域の特色を生み出している重点地区を選定し、10年程度で実施できる計画を策定した。それも、道路や公園といった公共空間を中心として、行政内の連携を図ることとしたのである。この結果、公共空間の整備計画は、その地域にあったものが採用され、地域型のあたらしい事業メニューも創設されるなど、次々に実現されるようになった。

2.都市資源を活用し、テーマを拡充する
また、これと平行して、身近な環境の中にある「都市の資源」の保全と活用に着目することとなった。1980年頃から本格的に「歴史的な資産や環境」や「河川や緑といった自然環境」を調査し、これらの保全と活用をテーマとした計画や制度の策定を行なってきた。具体的な政策としては「歴史を生かしたまちづくり」と「水と緑のまちづくり」である。
歴史的資産については、この所有者との連携を深めること、さらに河川環境については、国や県の河川管理者との連携が求められた。1988年には、「歴史を生かしたまちづくり要綱」が制定され、所有者への支援策が一応整い、保全事業が進められるようになった。また、「水と緑のまちづくり基本構想」が策定されることで、具体的な河川環境整備が国や県との共同事業として開始されることなった。
このような「都市資源」をテーマとした、全市的な計画と、「区の魅力づくり」という地域での計画が、両輪となり機能し始めたのである。つまり、全市の計画としての「縦の糸」と地域での計画づくりという「横の糸」をつなぐことで、都市デザイン活動の幅がさらにひろがってきたのである。

3.今後注目すべき戦略地区はどこか
1990年代に入ると、臨海部における都市開発が具体化してきた。1960年代に企画された「みなとみらい21」をはじめ、その周辺の「ポートサイド地区」や「北仲地区」などである。これらは、独自の事業組織（行政内、さらに地主等の関係者組織、まちづくりや都市デザインのための推進組織）をもって、目標やデザインガイドラインの設定、その運用及び調整が行われている。また、最近できた「横浜ビジネスパーク」は、都心周辺部の既成市街地内の工場跡地開発であるが、企業が中心となって進めた先駆的なまちづくりである。
このように、今後注目される空間は、都心部と郊外住宅地との境界、あるいは港湾と都心部との境界地域であろう。戦後、40~50年の都市化を支えてきた都心の周辺部の境界地域には、工業化時代の古い形の産業地や住宅地、港湾地域があり、いま機能更新を求められているのである。
都心部の活性化や魅力づくりは、横浜を例にとっても1970年代の重点課題であり、多くの都市でのその実現は進みつつある。また、郊外部の住宅地については、1980年代以降はある程度の質を確保しつつあるし、当面の大きな変革よりも確実な蓄積が求められている。そうした中にあって、都心の周辺にある港湾・工業地帯・住宅団地等の変化が最も大きく、またこれからの都市の姿に大きな影響を及ぼすものである。
代表的なのが、港湾地区である。アメリカでは、すでに1960年代に新たな再整備地区として着目されている。都心部の荒廃や急速な郊外化への歯止めをかけるための計画であり、住宅やオフィス、商業や文化といった様々な機能を持つ複合開発であっ

アーバンデザインの可能性～横浜20年の軌跡と展望 139

た。「港や古い倉庫やドック」などが持つ、歴史的な雰囲気と高いアメニティを活用し、1970年代には、新しい都市整備の方式が生まれたのである。我が国でも、1980年代に「ウォーターフロント」開発として着手されたが、これは都心部の地価高騰と用地難、オフィス需要への対応、といった全く違った出発点である。都市全体の構造転換との関連が薄く、内容も単一機能に偏るきらいがあるなど、今後あらたな開発のコンセプトと計画の手法が必要とされている。これら境界領域を占める開発の主体は、長く地域で活動してきた企業市民が重要な役割を持っている。横浜の各地域でも、こうした主体がつくる街づくり協議会や第3セクターなど、都市デザイン活動の担い手も新たな動きが見られる。

また、当面の戦略地区という意味ではないにしても、都心部において第2次整備が必要となるであろう。特に、その都市が必要とする様々な文化の支援や、そこでの生産業務環境の改善など、むしろ空間とそこでの活動の支援施設の整備が求められている。また、郊外の住宅を中心とした市街地においては、さらにその都市資源の保全との調和が求められるであろうし、画一的な住宅の供給から、「住み手が選択できる環境、住み手が作っていく環境」のデザインが求められていくであろう。

このようにして、今後都市のそれぞれの領域に対して新しいデザインを考えていく必要性がますます高まっていく。

プロセスをデザインする

横浜では、都市デザインの戦略地区を都心部とした時期があり、その後郊外の市街地へと展開していったことは既に述べた通りである。身近な環境の改善がやや遅れたことは否めない。しかし、大都市で都市デザインが浸透していく時間としてはあえて言えば短かったのではなかろうか。その間、行政内部の協力体制ができ、制度の改善や企業・関係機関、周辺生活者の参加といったいくつかの課題を乗り越えてきたのであるから。横浜の市政モニターへのアンケートによれば、「都市デザインへの理解度」は、7年前は87.6%の人が聞いたこともなかったものが、現在では、78.3%の人がある程度知っているものになっている。

都市デザインは、ごく常識的な目標を持ち、人間的な都市づくりの実践を目指すものであり、より多くの人が参加する「運動」として今後は展開されるであろう。都市という大きな存在(都市像)から身近な道端の舗石(都市のディテール)に至るまで様々な場で、一貫した視点で取り組まれるものである。こうした都市デザイン活動が、今後都市での「環境の改善や創造の運動」として、中心的役割を果たすのは、ひとつには「都市空間という誰にでも認識できる共通語」を介して、必ず何等かの改善に結びつけていく「実践的な活動」であるからである。参加した人は実感を持って次のステップへと向かえるのである。

都市は難解で複雑な仕組みを持ち、利害関係などの力学の舞台である。しかし、この絡みあった糸を解くことができるその糸口のひとつは「意志」であるのかもしれない。ここでは、都市づくりのプロセスをデザインするため、共通となる視点や課題を幾つか整理してみる。

1.計画策定へのワークショップの活用

今注目されているのが、ワークショップである。さまざまな立場や価値観を持った人が、ある目的のために、共同作業を通して、共通の意志・計画を形づくる過程がワークショップである。横浜でも公園計画などに、近隣の市民の参加を得るなどの実践例が見られるようになってきた。

4年ほど前から、横浜市南区南太田地域で行なわれている「まちづくりワークショップ」では、都市生活者(小学生・高校生・主婦‥)と行政関係者が、実際に共同作業を行なうことで、地域の環境計画を創ろうとしている。共に同じプロセスを体験するこ

ととなり、「こういう場がもっと早く作られていれば」（地域参加者）、「案外共通の理解が得られる」（行政参加者）と両者に好評であった。ここで、論議提案された10ほどのプロジェクトは、すでに実施に移されている。「行政の単年度予算方式や縦割り組織、さらに行政と市民相互にある固定観念をいかに越えるか。またワークショップからデザイン、事業という一連のプロセスをいかにプロデュースするか。その人材は」など参加型のまちづくりの有力な手法としてのワークショップの普及にはまだ課題が多い。しかし、世田谷区をはじめ、多くの都市で積極的に採用されているこのワークショップは、年々その蓄積を重ね、プログラムや方法が改善され、また実際に運営するリーダーも徐々に育ってきたことで、今後の展開が期待されるものである。

2. 評価システムの強化

現代の都市空間は、その創造のプロセスにおいて、適切な評価を加えるシステムが欠如したままである。無論都市という大きな土俵の上での判定の方法は難しいのであるが。例えば、横浜市の「都市美対策審議会」（1965年設置）では、10年ほどの周期で基本的な課題が整理され、また重要な施設のデザインも審議され決定されてきた。しかし、実際の都市デザイン活動や都市づくりへの反映は難しく、適切な評価システムとしての改善が求められている。今後の都市づくりは、時間をかけ人々の意見を集約し、その上で革新的なデザインが実践されることが望まれている。特に、公共的な空間についての評価は、「都市と市民の立場」で行なわれるべきである。都市にとっての意味や影響という全体を俯瞰した「都市の視点」と、実際の利用者としての「市民の視点」である。その評価が、確実にフィードバックされるシステムがあることで、次の計画やデザインの改善が望める。都市デザイン活動の重要なサポートシステムでもある。現在の制度からみれば、この評価機関は、「都市計画審議会」と「建築審査会」との中間に立ち、両者と連携しながらも、独自の視点と尺度を持ち、当事者への勧告などの権限をもつといった体制が検討されても良いと考える。評価は、組織的に且つ体系的におこなわれるべきものであろうが、どのような審査機関やシステムにも起こりがちな硬直化や新しい視点の排除を避けなければならない。特にデザインという創造的な行為を尊重するよう、保守的な立場を取らないためにも、市民やマスコミ・ジャーナリズムの自発的な参加や問題提起が一方で期待され、また、保証されなければならないだろう。

3. 都市デザイン活動団体

現在、多くの市民的な運動が展開されており、都市環境学習や環境改善に関して大きな力となりつつある。また、自治体のまちづくり組織も確実に参加型の方式を採用し始めている。最近制定された藤沢市の都市景観条例は、これまでの制度と異なり、地域住民の発意が地区指定の前提となっている。こうした仕組みが整備されることで、さらに市民の活動が活性化していくであろう。

また、都市環境に関する市民参加の仕組みは、今後さらに市民の自主的な活動が保証されるものとなっていくのであろう。そうすれば、都市を楽しみ、都市づくりに積極的に参加する市民が多く現れるであろう。公的な団体からの技術的・人的・資金的な支援は、自主的なまちづくりを適切に発展させるものとすべきである。

自治体と企業の関係、また企業の都市へのかかわり方も変化し始めている。「パブリック＆プライベート・パートナーシップ（p.p.p）」が世界的にも大きな流れとなりつつある。再開発などのプロジェクトレベルでは、これまでにも経験があるであろうが、より広い範囲での都市づくりの連携が求められていくであろう。企業・市民・自治体の三者にとって、良好な都市環境形成は共通の利益であり、義務であるという認識が深まってきたのである。「パートナーシップ」そして地域での企業や住民参加は確実に進

アーバンデザインの可能性～横浜20年の軌跡と展望

展していくであろうが、どのような形態や方法が望ましいのであろうか。イギリスのシビックトラストやグラウンドワークトラストなどの実績も参考となるものである。

重要なことは、都市や空間の在り方が社会的に十分論議されるかどうかである。計画や結果の公開が一般化し、プロジェクトの主体はむろんのこと、マスコミやこれを受け取る市民が適切な情報を得て判断ができることが重要である。このことが参加や連携をより高め、活動を建設的なものとしていくはずである。公聴会や会議、住民投票などの都市づくりへの参加の仕組みが適切に整備されるかがこれからの課題である。

都市デザインの定義

近代都市計画のいきづまりとともに、あらたな計画理論・手法として「都市デザイン」が注目されている。近代都市計画の基礎となる「数値化や単純化、分類や階層化」が、必然的に様々な境界問題を発生させてきた。一見整然としたものに見える計画も、実際の空間を形成させる力がなく、逆に、道路と建築、建築と自然といった間の関係をうまく作り得なかった。都市デザインがまた60年代や70年代に起こったこともこれに対応しているのである。しかし、この都市デザインについて、明確な定義や位置付け、その対象や目的、方法が十分議議されていないことも事実である。多くの都市で、実践されている「都市デザイン」とは何か。その経験を通して、その定義を明確に提示すべき時期にきている。1980年代に、全国の自治体が「都市景観」担当のセクションを設置し、すでにその数は100を越えるとも言われている。こうした流れの中で、近年設置されるものは「都市デザイン（アーバンデザイン）」担当という名称となり、景観という視覚的な問題を越えたデザインを求める動きが現れている。

1.都市デザインの目標を再び考える

「生活の質」とは何か、つまり何を都市での生活で手に入れたいか、都市空間において尊重すべき価値とは何か。さらに、都市に生活する多様な人と多様な生活様式にどれだけ対応できるのか。例えば、急速に進展する高齢化社会に対して、都市はどうあるべきか。また、子供のための、女性のための、身体障害者のための都市環境はどうあるべきか。情報化や国際化などがもたらす都市構造の変化へどのように対応すべきなのか。今日の都市が直面するテーマをもとに、都市デザインが尊重すべき視点を再度確認する必要がある。生活者からの基本的要求と都市全体としての個性や魅力、秩序が両立できるかが課題である。

2.都市政策としての都市デザイン

まず都市政策があり、その実現の有効な方法として、アーバンデザインが注目されてきた。しかし、以後その手法のみが一人歩きしはじめ、本来果たすべき政策との連携について考えることが少なくなってきたのが現状である。例えば、都市計画との関連である。サンフランシスコでは、総合計画において、全市の都市デザインプランが位置付けられてきた。また、ダウンタウンプラン（都心再整備計画）は、経済的政策からオフィスの需給計画、福祉政策、形態制御までの包括的内容となっている。都市デザインの役割と目標は、都市によって変わるものであるが、いずれにしても都市政策と一体となって機能すべきものである。どのような地位と役割が与えられるのかが今後問われることとなる。

3.自治体の都市デザイン組織の拡充

都市づくりのプロセスの運営者として、また様々な計画・実施・運営組織のオーガナイザーとして自治体は、そのリーダーシップや支援を求められる。1980年代には、都市景観という都市の物理的環境、しかも景観の統一といった限られた視野ではじまっ

た取り組みが、1990年代に入り、都市デザインとして環境全体の質を問う方向へ大きく変化している。単に景観の良さだけでなく、市民が求める建設から管理運営にいたる、あらゆる場面での要求が次第に明確になってきたからである。

4. 実践的手法を拡充

しかし、都市の将来像を描くにあたって、いたずらに複雑なものにしてはならない。都市や地域について、いかに明快な分かりやすい目標や計画をたてるか。いかに実践的にこれを行うか。具体的な改善事業が、次の段階へと進展を生むものである。生活の質の向上のためには、具体的事業が繰り返して行われる必要がある。

すでにある程度の事業の進捗を見た今日、そこで過去の事例を評価し、今後の手法として何を選び、何を付け加えるべきかを論議しなければならない。例えば、イギリスに始まったニュータウン計画であり、ニューヨークに始まったデザインコントロールやインセンティブゾーニングである。実践的手法をさらに拡充し、それらの制度的基盤を整備していくことも重要である。

5. 都市の文脈をいかす

都市の歴史的資源やその文脈の保護と活用が最新の話題となっている。伝統的な都市形態への回帰というよりは、都市のコンテクストを理解することの重要性が認識されているのである。また、文化財保護の世界的な潮流の時代（1960年代）とは違った、都市のコンテクストを共通の認識として、尊重しようという議論が活発である。つまり、都市とは何かを再び問い直すことが始まったのである。

このことは、例えば、ロンドンでの高層建築、現代建築批判や、京都、倉敷をはじめとする景観論争などに象徴される。歴史的景観の保護という観点からの論争ともいえるが、どういう生活環境やコミュニティを選ぶかという社会的論争としてもとらえられる。

6. 総合政策への展開

今日の都市政策では、問題と解決が1対1に呼応していることは、ほとんどありえない。総合的な視点に立ち、物理的な計画と経営運営的な計画が、あらゆる面で連動しているはずである。サンフランシスコでは、都心の整備や活性化と住宅供給などが関連づけられた政策（リンケージ）が取られている。日本の都市では実践された事例は少ない。

1970年前後の横浜では、基幹的事業（6大プロジェクト）と規制的計画（コントロール）、さらに都市デザインとを同時に進行させた。

「横浜方式」は、急速な都市化、人口増加に対して、その成長を制御し、かつ必要な道路などの基盤施設を整えていくという複数の政策が、総合的に展開された事例である。たとえば、住宅地の取り残された工場を、新たに埋め立てで確保された工業団地に移転させ、その跡地を活用して市街地の再開発を行うといったように、事業相互の連携と全体としての効果を図る政策であった。

今後は、さらに、様々な計画政策が総合的に進められ、その中に都市デザインの視点が適切に組み込まれることが必要となるであろう。

今後の展開のための幾つかの考察

1988年から3年続けて開催された「横浜国際都市デザイン・シンポジウム」において、内外の専門家から、都市の将来像をどうとらえるかが世界的な共通の課題となっているという意見があった。それだけ、安定した姿に見える都市が、今その方向性を失っているのである。都市デザインにおいては先進国と考えられている欧米からは、実は日本の都市デザインがむしろ進んでいるとの指摘が多いことにはやや驚かされた。しかし、一方で「誰がその空間を決定しているのか、責任と意図が見取れない。決定のプロセスが理解できない。」といった意見も多かった。これらの指摘は、一面では固定化してしまった欧米の都市やデザインの理論から何とか展開の糸口を探し

たいという彼ら自身の問題があるからである。
いずれにしても、それぞれの都市の歴史や文化によって目指すべきものは違うが、どの様な都市の活動や生活が描けるのか、人間的な価値の回復と創造をどうデザインするのか、共通の課題は多い。

1.「都市の時代」の都市像

情報化の進展がさらにこの地球を狭くしている。EC統合やヨーロッパの変貌の中に、アメリカを始め先進諸国の成熟した「都市」が、国という枠組みを越えて考える時代となってきた。都市自治体にも見られるが、企業・団体・大学・専門家などの動きにも触発されるものである。我が国においても、70年代の高度成長・列島開発から、80年代の地方の時代を経て、ようやく集中から分散へと向かおうとする流れがある。しかし、80年代後半からの第2次都市化現象の中で、明確な都市像を描けないまま急速に変貌を遂げている。「都市の時代」を予知し、そこでの都市像や都市生活像がどう描けるか、また、その実現の方策としての都市のデザインはどのような可能性をもつのか、また限界をもつのかを論ずる必要がある。

2. 近代都市を問い直す

過去に語られてきた都市の将来像を巡る議論は、欧米の近代合理主義に裏打ちされたものか、またその反動で田園生活の都市への移入をもとめたものが中心であった。これらを総括し、「都市の時代」の展望を論議する必要がある。近代の都市形態・計画及びそのシステムは、西欧文化がひとつの規範をつくってきたのである。しかし、近代主義の終焉、明確なヒエラルキーや構成理論の限界が実証されたが、その後に続く理論はない。今日、日本を始め、多くの都市がこの近代計画論をベースとして、都市を形作ってきた。伝統的な日本の空間や生活のスタイルと新たな計画との対比や混乱は、有効な議論の素材を与えていると言える。

3. 環境都市へのアプローチ

地球全体を捕らえた環境の保全整備が、議論の段階から実践の段階に移っている。そして、地球環境に影響をおよぼすのは、都市そのものである。この消費的システムの改善が重要な課題となっている。例えば、環境（植生・気温）保護と都市デザイン（表土保護・水面保全・グリーンベルト・都市の適正規模）との関係を明確にし、「環境としての都市」の有り様とそれを実現する方法について論じなければならないであろう。また、そこでの都市生活の枠組み（ある種の制約）についても、具体的取り組みや実験を基に、市民生活・住宅・交通環境・土地利用計画を含めた立体的な展開が必要である。

4. 文化創造の場としての都市

経済的な要請の上に成立してきた都市の目標を見直し、文化的な要請に応えられる都市像を模索する。都市におけるシナリオ（物語）の必要性、例えば、「広場と彫刻」などの文化施策と都市計画との連携といった直接的連携から始まり、都市の歴史的文化的文脈からの都市論を構築する必要がある。芸術と都市計画の関係、公共建築の在り方等、芸術家と建築家がもたらす、都市空間の文化の高揚を考える。都市空間自体が、ひとつの文化的、芸術的意味をもつことも重要なのである。また同時に、これらを都市（自治体）が支援する文化的環境の整備についても考える必要がある。

5. 都市成長の速度

都市の将来を語る上で、その形成の速度が問題となる。近年の都市開発の速度は、過去に経験のないものであり、都市を人間の管理下におくことができないものとなった。アメリカの良好な環境の都市においてその政策の基本となりつつある都市成長の管理（減速化）を題材に、アジアの人口爆発、日本の新たな集中や開発ブームの行く先と対比させ、成長の管理（単なる抑制ではなく適正な受け入れプログラ

ム）の可能性を論議する。
ことに、横浜は、昭和35年（1960年）から10年間で、100万人の人口増加を体験してきた。この時の、成長の制御の方式には様々な工夫が見られる。横浜の立地や社会基盤、物理的な都市基盤などから、「宅地開発要綱」、「公害防止協定」といった独自の制度をはじめ、都市計画法による「線引き」や「用途地域」の指定方式、「高度地区」や「風致地区」の活用など、都市での活動の容量をコントロールしてきた経験がある。
今後は、こうした防衛的な制御から、環境都市の実現や市民生活の多様性を支援していくための、成長の管理が求められるであろう。

6. 都市デザイン活動の拠点と交流

これまで述べてきたように、今後の都市デザインの様々な可能性の基礎となるのは、「自治体、市民、企業、専門家」がいかに連携して、新しい都市形成のシステムとプロセスを築くかなのである。大学・学会・団体・企業・デザイナー、そして市民が、幅広く都市への提案を行う必要がある。これら相互の連携や国際的機関、そして自治体などが意見の交換をし、交流を深めることが重要である。そのための拠点や組織が、全国的にも、また都市や地域に生まれてくることが求められている。基金や財団など、人的資金面での裏づけをもった組織として発展できれば、実際の都市づくりを行政という限られた枠を越えて、関係者と共同することもできる。日本でも、自治体が都市問題への対応を迫られていた時代に創設された「都市問題研究所」などが、各地で財団化され独自の活動を展開するものも多い。イギリスのシビックトラストやグランドワークトラストなど、各地域の市民活動や企業を含めた活動団体を支援するセンターとしての機能をもつようになればさらに展開がある。
また、専門家を始め、都市づくりに実践的に参加していく人的な資源を育成していくことが都市にとって必要である。長期的に考えれば、都市の将来を決定する子供達をはじめ、さらに多くの人や市民、企業が都市の環境や創造について、興味をもち、実際に楽しく参加できることが望まれる。

7. 横浜の役割

1988年横浜は「デザイン都市宣言」を行ない、都市デザインに係わる様々な分野での交流への貢献を表明した。これまでの都市デザイン活動の経験をとおして、都市やデザインに関する情報の受発信基地となる。そしてそのための、具体的な活動を行ってきた。横浜市内においては、各地域において、様々な環境への取り組みを行う団体や市民とともに「地域フォーラム」を開催してきた。またバルセロナ市と共同した「都市文化の創造」展やパリの「都市計画と芸術」展、さらに国際シンポジウムなどを開催し、都市デザイン活動を紹介し、議論の場を提供してきた。そして、これら一連の運動の象徴として、1992年に「ヨコハマ都市デザインフォーラム」が開催される。内外から専門家やデザイナー、自治体や企業などが幅広く参加し、都市の将来への積極的な提案や論議が活発に行われるものである。ここで、得られた情報や論議は、都市デザインの新しい可能性の第一歩を築くことと期待している。
横浜は、近代都市計画の発祥の地であり、開国以来、常に新しい都市への思潮と具体化の方法を生み出してきたともいえる。将来の「都市の在り方」を提案し、実践する「創造実験都市」として歩んできたと言える。そして今後も、多くの人の力を集め、よりよい都市環境をつくりだして行く。そして、「その意志とプロセスが見える都市」として、これからも横浜は歩んでいくであろう。

にしわきとしお（横浜市都市デザイン室長）、きたざわたける（同担当係長）、くによしなおゆき（同主任調査員）／以上1992年当時

まちは博物館〜歴史を生かしたまちづくり〜

北沢 猛｜横浜市都市計画局都市デザイン室
土井一成｜横浜市都市計画局企画課
神奈川県博物館協会々報第49号（1983年7月発行）より

1. 都市の歴史学

歴史は、最も親しみやすく入りやすい学問であるといわれている。特に、都市やまちの歴史は、歴史書から始めなくても、実際に目でみて、話しを聞くことによって、興味を広げていけるものである。それが故に、都市の歴史は、一層はっきりとした映像として、自分のなかにとどめておけるのである。また、都市は、文化、経済、政治、芸術、科学などありとあらゆる分野の歴史が凝縮された総合体である。経済と文化、文化と技術、技術と空間といった相互の関係を、実証的に理解していくことができる。

一方、都市の歴史に一般解はなく、それぞれ固有のものである。ちょっとした地形の特徴、気候、人の気質や生活のしかたの違いが、都市の個性を創ってきた。歴史を感じられない都市は、私達の生活に魅力を与えない。山林を切り崩し、白紙の上に建設された都市は、合理的ではあっても、私達に何も語りかけてはくれない。

本稿に、『まちは博物館』という標題をつけたが、要するに「まちにはこれまでの各時代の資産が豊富に残されており、住み良く楽しいまちはどんな博物館よりも素晴らしい知識を与えてくれる。」といった意味である。そして、本稿のねらいは、都市に残されている歴史的資産をまもり、まちづくりの中で活用し、都市の中に生き生きとした歴史を呼び戻すための試論である。

2. 都市に刻まれた歴史

横浜市の人口は、284万人を超え、我が国第2の大都市となった。しかし、その発展の過程をたどれば、開港（1859）前の戸数100戸余りの寒村・横浜村から始まったのである。その間、124年という短いが、私達の今日の生活を支える近代文化を外国から学び、我が国の文化として消化してきた凝縮された歴史がある。

その一端を現在の神奈川県立博物館脇の弁天通りの歴史にみてみよう。この道は、開港前、横浜村から「州乾弁天」への参道であったことから、この名称が付いたらしい。開港後、現在の都心地区、関内は、日本人町と外国人居留地に分けられるが、弁天通りは、本町通りなどとともに日本人商人が集まる商業・貿易の街となっていく。明治中期以後、本町通りが金融等事務中心街になると、弁天通りは装飾、服飾店などが立ち並び、賑わいを見せるようになる。

震災前の弁天通りを大佛次郎は、次のように描いている。『ハマの弁天通りといえば、ちょっと東京では見られない小ぎれいなショーウィンドーが並び、絹屋とかモダンな雑貨屋さんや浮世絵の専門店がずらりと軒をつらねていて、清潔な感じで気持ちのよい町でしたよ。ハイカラな御婦人はもっぱらこのまちを愛し…。』ところが、震災でほとんど消滅してしまう。復興後はどうなったか。やはり大佛次郎が『日本地理大系』（昭和5年）に弁天通りを紹介したものを見ると、『KOTTO、唐三彩、浮世絵、絹織物…。外国人の目から見て作られた日本趣味の収集。いわば日本帝国輸出品の型録なのだが、こうまとまって異国日本的に装飾された街は…。』といささか批判的だが、以前にもまして、活況を呈していたことがわかる。

横浜は、その後戦時体制、戦災、接収と度重なる困難な時期を迎える。長い外国貿易の閉鎖は、商社や金融機関の他都市への流出をまねいた。弁天通りも大きな影響をうけ、今日、戦前の面影をとどめていない。一方で、元町のように、震災、戦災にあって、街並みは変わってしまっても、独特の雰囲気や個性をとどめている街もある。最近の観光ガイドをみると、『元町—最新流行MOTOMACHIからうまれる—といわれるほどに、アカぬけたファッション通りとなっている。青い目の家族連れが散歩し、モード雑誌から飛びだしたかのような女の子が颯爽と歩いている。ブティック…いずれも洗練された個性を競い合う。元町を歩く時は身も心もセンスアップして出

関東大震災直後の横浜港周辺／横浜開港資料館の写真3点をつなぎ合わせたもの／1923年／提供：横浜市安全管理局

かけよう。』（アルペンガイドより）とある。大佛次郎が紹介した元町の戦前はどうであったか。『ここは在留外人の散歩と日常ショッピングのために出来たやうな大通りで垢抜けしたすがすがしい町である。ワンピースの軽装した異国女が歩く宵闇時と、クリスマス近く飾窓が明るくて外は雪が降っている晩こそ、この町が一番美しく見える時である。』（日本地理大系）元町がとどめている個性やイメージは変わっていないようだ。

随分長い引用になってしまったが、横浜を象徴する街のうち2つを取り上げてみた。このように、街は時代とともに姿を変えている。一方で、全部が焼失してしまっても、新しく建設された街に受け継がれた歴史がある。それが、街に奥行と深みを与え、生きた街になるのである。歴史が守られている理由を考えてみると色々面白いことがわかるはずである。たとえば、元町家具という独特の産業、山手に住む外国人貿易などがささえてきたのかもしれない。

街の歴史は、有形のものだけではない。また、歴史が凍結保存されること、たとえば、スペインのトレドのように中世の街並を残し観光地として成り立っていることが、必ずしも好ましいとは言えない。現代と歴史が、活力と遺産がうまくかみあうことが必要なのである。

3. 文化不毛の時代

都市は人間が造り上げてきたすみ家であり、前章で見たように、そこには様々な時代の社会の姿が様々な形で息づいている。古い住宅、寺社、公共施設などの建築物、橋、水路や庭園などの土木構築物をはじめとして、史跡、古木、古道などの歴史的資産が、めまぐるしく変貌をとげる現代都市の中に残っている。

しかし、我が国の都市の場合、歴史的資産の大部分は顧みられることなく、戦災、自然災害などで消滅してきたが、それにもまして昭和30年代以降の高度経済成長期の都市開発によって大量に破壊されてしまった。それは、まさに都市の歴史を根こそぎはいで、開発という名の画一的な薄っぺらい化粧をほどこす行為であった。

同じ頃、ワルシャワ、ベルリンを始め多くのヨーロッパ諸都市では、第二次世界大戦によって破壊された歴史的建築物、街並みを着実に復元し、美しい自分達の街を作りあげてきた。我が国とヨーロッパ諸都市の姿の違いはどこから来ているのか。日本の都市は木造建築が大部分であり耐久性がないこと、日本の経済成長率が非常に高かったこと、など幾つかの理由が考えられるが、最も大きな要因は、地域開発や都市計画に文化性が欠如していたことである。戦後の都市形成では、その根底に『新しいものほどいいものだ。』という思想があった。経済効率ばかりで、歴史的資産に対し謙虚で、自分達の街の個性や誇りを考える文化的視点はなかった。

経済の低成長時代を迎えた今が、まちづくりの中に文化性を導入する最初で最後の機会ではないだろうか。まちの個性や歴史を守ることが日常的な価値となるべきである。

これまでの都市形成には、経済学部（商売人）、法学部（法律屋）、工学部（土建屋、機械屋）といった輩が力をふるってきたが、今後は文学部（文化人？）の人達が文化の殿堂たる博物館を出て、街をフィールドとし、文化的環境形成に力を発揮することを期待し、切望してやまない。

4. 都市環境の評価

都市に生活している私達は、公害や遠のく緑、不十分な生活施設といった物理的環境に、満足してはいない。しかし、私達の多くは、今後も都市に生きていかなければならない。『公害との闘いではかなりの成果をあげている。が、環境の質を高める闘いはまだまだである。』これは、OECDの報告書「日本における環境政策」の中で指摘されたものである。

まちは博物館〜歴史を生かしたまちづくり〜　147

事実、たち遅れはあるが、1980年代に入ると、「全国歴史的風土保存連盟」が発足するなど、環境の質や都市の個性を求める運動が各地で始まっている。横浜市でも、都市づくりの中に、人間性と地域の個性を生かし、街を住みよく、美しいものにしていく都市デザイン活動が取り組まれている。

しかし、まだ問題は山積みされており、この限られた都市空間に、求められていることは実に多い。昨年行った市民意識調査では、環境の評価を、図2（略）のように、4つの側面（物理的環境＝安全性、健康性、利便性、そして環境の質＝快適性）に分け、さらに、環境の質を7つの項目（経済、機能優先の社会で見落された価値）に分類している。その価値を分析してみると、図3（略）にみるように、7項目のうち第Ⅲグループと第Ⅳグループの評価が低いことがわかる。

第Ⅲグループは、街に住む人々、街の歴史、街の景観との触れ合い、つまり「街との対話」があるか否かを意味している。最も都市に住む価値を高めてくれる項目が低いのである。また第Ⅳグループ（水辺）が低いのは、川を中心に発達してきた横浜の街も、川に生活のつながりをもたなくなってしまったことを示している。川は汚れ、排水路化していってしまう。「生活の根となるものが自分たちの地域やまちにない。したがってまちを大切にあつかわない。」という悪循環がある。

5. まちづくりの歴史

では、この悪循環をたちきり住み良いまちづくりはどこから始めるのか。

まちづくりとは、単に物を作る行為ではなく、自分達の街に目を向け、考え、協力して街を良くするという極めて創造的行為である。

まちづくりには次の3つの座標軸が必要である。一つは「生活の軸」である。都市には多くの人々、市民、企業、行政などの多様な主体があり、それぞれが各々の生活・生産の論理に従って建設や管理を行っている。まちづくりにあたっては、それら主体間の利害調整と、共有の目標設定が必要であり、その結果作られる方向性が生活の軸と言える。

次に「空間の軸」である。まちづくりは単に抽象的な問題の議論に終わるのではなく、具体的な場において、考え、実践されるものである。空間が限定されるため、関わる主体、資源や問題点、将来の方向を明確にすることが可能であり、総合性を確保することができる。つまり、空間の軸は、地域の固有性・総合性をとらえる視点である。

最後に「歴史の軸」がある。街は各時代の社会生活の場としての蓄積の上に成立している。特に、歴史的資産は、街のこれまでの記憶を残すものであり、過ぎ去った時代のイメージを喚起し、それとの対比によって現在を明確に意味づけ、これからの方向を指し示すものであり、街の文化の羅針盤となる。歴史の軸は、地域の過去と未来の連続性をとらえる視点である。

以上の3つの座標軸によって地域をとらえ、共通の街の将来像を結ぶことによって、まちづくりが始まる。近年「地方の時代」と言われ、各々の地域でその将来像の模索が行われ、試行錯誤の中で数多くのまちづくりの実践が生まれている。しかし、まちづくりには一般解がなく、まず3つの座標軸によって生き生きとした、個性的な地域像を得ることが原動力となる。その中でも、「歴史の軸」は、高度経済成長期には不当に低い評価をうけていた視点であり、地域に根ざした、誤りのない将来像を得るために非常に重要である。

6. 歴史的資産の保存活用

横浜市の歴史的資産のうち、特に都市イメージと結びついている開港以来の近代建築を中心にその現状と保存活用の実践を次にみてみる。

(1) 横浜の近代建築

横浜は1859年（安政6）の開港以来、日本の海外への窓口として、急速な発展をとげ、我が国の近代化の舞台として、多くのすぐれた近代建築（幕末・明治以降の洋風建築）が建設され、明治末期には関内・山手地区を中心に、石造やレンガ造の異国風の街並みが生まれた。しかし、その後の関東大震災（1923）、戦災によって、明治時代の歴史的街並みは破壊され、また戦後においても、開港文化を今に伝える近代建築は、年々その姿を消している。

日本建築学会編の『日本近代建築総覧』（S.55.3）によると、現存する近代建築は横浜市域で324棟、都心である関内・山手地区に特に集中しており、170棟となっている。

図4、5（略）これは、全国的に見ても非常に大きな位置を占めており、特に集積が大きい関内・山手地

区は、長崎の東山手・南山手地区、神戸の北野地区などとともに、群として近代建築の街並みを持つ貴重な地区といえる。しかし学会の調査から現在まで数年の間に、早くも50棟ほどの建物が取り壊されており、都市の変貌の速さを物語っている。

(2) 歴史的資産の保存活用事例

これまで述べてきたように、歴史的資産のまちづくりにおける価値は大きいが、現在のところきめ手となる保存方策はない。ここでは、横浜においてこれまで何らかの形で保存及び活用がはかられた歴史的資産、幸運にも生き残ることができたものの幾つかを紹介し、今後の取り組みを考えてみたい。
※以下個別の建物紹介は省略（編集部）

7. 歴史を生かしたまちづくりの提案

本稿の最後として、これまで述べてきた歴史的資産、特に横浜の近代建築の保存活用についての今後の方策と、地域における具体的プロジェクトとして、都心部の「博物館通り構想」・「山手西洋館村構想」を私なりにまとめて提案してみたい。

(1) これからの保存活用方策

前章では幾つかの事例を挙げたが、これらは定式のやり方にそったものではない。その時のタイミング、関係者の歴史への共感と努力、社会的位置づけなどの要素が一致して可能となったものである。これらの事例を踏まえ、今後の歴史的資産の保存活用への課題を整理する。

1 市民コンセンサスの形成

歴史的資産の保存活用は、日常的価値としての定着、つまり街の歴史への共有イメージと保存へのコンセンサスづくりが重要である。郷土史の研究、身の回りの再発見、例えば、街のウォーキング、老人との語り合いなど地域に密着した活動が前提である。

2 専門家の参加

歴史や文化の研究者も単なる「理論」の追求にとどまらず、住民、市民あるいは行政と「開発と保存」をめぐる議論に、具体的な「技」を提供すべきである。むろん、博物館などの機関の果す役割も大きく、地域の歴史資産の情報ストックやまちづくりへの参画などが望まれている。

3 民間活力の導入

これまで旧邸の移築保存などは、一部の金持ちの道楽などと考えられてきたし、確かに行政としてもコンセンサスが得にくい分野である。イギリスの自然保護・歴史的街並保全は主に、ナショナルトラストという会員100万人の民間団体の手によって行われている。我が国においても、市民的運動としての全国的な盛り上がりと、実効力ある組織形成や企業の文化面への投資など、民間活力の導入が必要である。ナショナルトラストの導入、公益信託制度の導入、独自の街並保存基金財団などが期待されている。

4 きめ細かな情報ネットワークづくり

歴史的資産の多くは、都市の変貌に伴い人知れず消えていっている。そして、一度失ったものを取り戻すのは非常に難しい。そのため、定期的に地域の歴史的資産のリストづくりを行うとともに、所有者に対する保存協力の働きかけといった、きめ細かな情報ネットワークの形成が重要である。その意味で、建築学会が行っている所有者へのラブレター作戦は高く評価できる。

5 制度的な改善

文化財保護法を中心に歴史的資産の保存についての制度は整備されつつあるが、まだまだ不十分であり、地域の実状にあった自治体による条例・要綱の活用も必要である。特に歴史的資産をまちづくりの中でとらえる都市計画的な制度、具体的には地区計画制度や都市景観条例などの活用が考えられる。また、歴史的資産を生かしたすぐれた民間開発に対しては、容積率などのボーナスを与えるインセンティブ制度の創出等、規制ばかりではなく誘導的手法の確立が望まれる。

6 単体保存から街並み形成へ

すでに述べたように、歴史的資産は単体で保存活用するよりも、周辺の地区としての街並み形成を集めるほうがはるかに効果が大きい。そのためには、単に文化財としての歴史的資産だけに限らず、地区の生活環境づくりといった総合的なまちづくりの視点が必要となる。そして、このような過程を経たほうが、まちの中で生きた保存活用が可能となる。

(2) 地域における歴史プロジェクト

横浜は、これまでみてきたように港町としての歴史とイメージが強いのであるが、実際には、市域が429.1平方キロメートルと広大であり、各地域によってその街の歴史は異なっているのである。非常に大ざっぱにいっても、港街としての異国情緒あふれる景観、旧東海道沿いの宿場町や旧街道の雰囲気、鶴見川水系の農村文化（民家、長屋門、埋蔵文化財）、金沢文庫を中心とした鎌倉時代の文化と漁村風景など、残された資産には4つの核がある。それぞれの地域で、その文化や資産を生かした、個性が創出できるはずである。ここでは、都心部における歴史プロジェクトを提案してみたい。

1 山手西洋館村

山手地区に現存する西洋館は、現在かなり老朽化が進んでいる。住宅は居住者の生活ニーズに対応し、増改築が行われていくものであり、原形の保存は難しい。また、地価の高騰化によってマンション化が進行しているため、建物や街並みの保存は極めて困難なものとなっている。生活様式の変化に対応した保全と、新しい建物には、歴史的な建物に調和のとれたデザインが望まれる。

増改築の際に、所有者や建築家がその建物のよさを残すような工夫と、そのために必要なアドバイスや情報を提供する機関が必要である。また、山手の西洋館を売りたい人と、住みたい人とを結び、古い建物を守っていくような、情報のネットワークも効果があると考える。

ここで提案する西洋館村は、特にデザインがすぐれていて現地保存が困難な西洋館を、移築・復元するものである。"住宅展示場"といった非難もあるかもしれないが、明日をも知れない西洋館に対して、常に活用できる移築用地を確保するものである。移築された西洋館の内部の利用には、衣服、食器、家具などの居留地生活様式の展示、小コンサートホールやギャラリーなどが考えられる。歴史を実体験できる場として、また現在の住民の交流と文化の場として提案したい。

2 博物館通り（ウォーキングミュージアム）

関内・山手地区の近代建築群、開港文化の史跡を巡りながら、街を学習できる場を考えたい。関内・山手地区には、個性的な博物館や資料館が集積している。海岸通りから山手本通りにかけて、神奈川県立博物館、横浜開港資料館、戸田平和記念館、山手資料館といった近代建築を保存活用した施設がある。さらに、大佛次郎記念館やゲーテ座跡の岩崎博物館、シルク博物館、人形の家といった横浜のイメージや場所の歴史的意味をうまく生かしたものもある。

これらをネットワークする道は、同時に歴史的な建物を結ぶ道である。(図6)この道を、『横浜博物館通り』として、生かしていこう。そのためには、1.歩行者空間の整備。2.特色ある街路樹や、山手のヒマラヤ杉など地域のシンボルを守る。3.通り沿いの建物のデザインの工夫。4.民間企業や学校などに、一般の人も利用できる独自の資料コーナーや、企業などの歴史といった企画をもり込んだショーウィンドーの設置を求める。5.歴史的な建物の名称板や由来紹介板などの記置。6.通りの要所に博物館や各施設の展示・企画内容を示すインフォメーションボードの設置などの試みが考えられる。

これらの整備により港町横浜を実体験でき、まちそのものが博物館となるだろう。

おわりに

思いつきにすぎない提案であるかもしれないが、ただ、歴史的資産は、危機的な状況にあることを理解していただきたい。横浜でも、いくつかの市民グループが調査などの活動を始めており、今後の展開が期待されるが、もとより、これは、市民、民間企業、行政、そして研究者が一体となって取り組むべき問題であることを再度指摘して、本稿を終わりにしたい。

本稿をまとめるにあたって横浜開港資料館の堀勇良氏に協力をうけ、また、神奈川県立博物館の宗像盛久氏にお世話になったことに感謝したい。

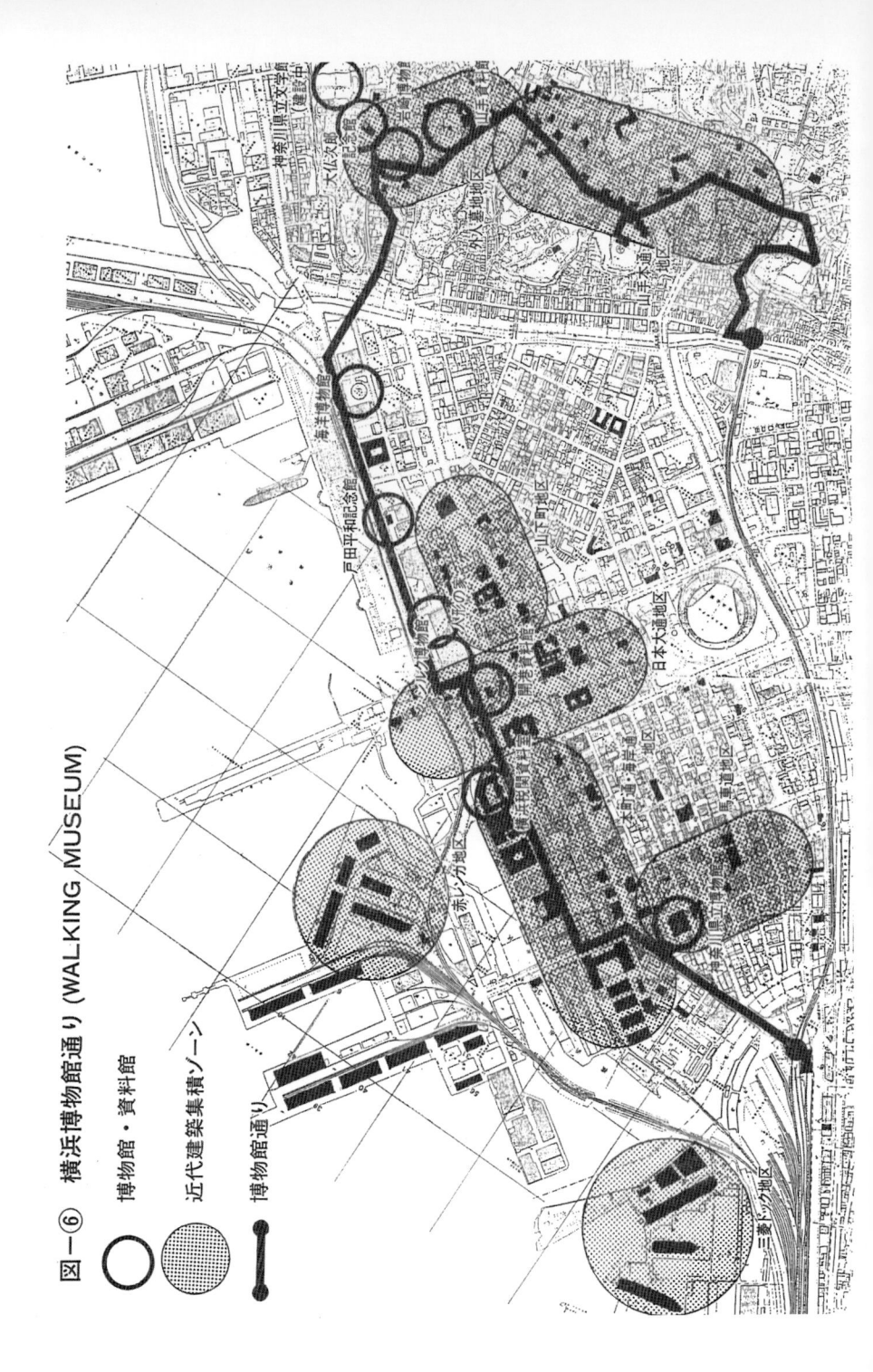

図—⑥ 横浜博物館通り (WALKING MUSEUM)

○ 博物館・資料館
▦ 近代建築集積ゾーン
●—● 博物館通り

まちは博物館〜歴史を生かしたまちづくり〜

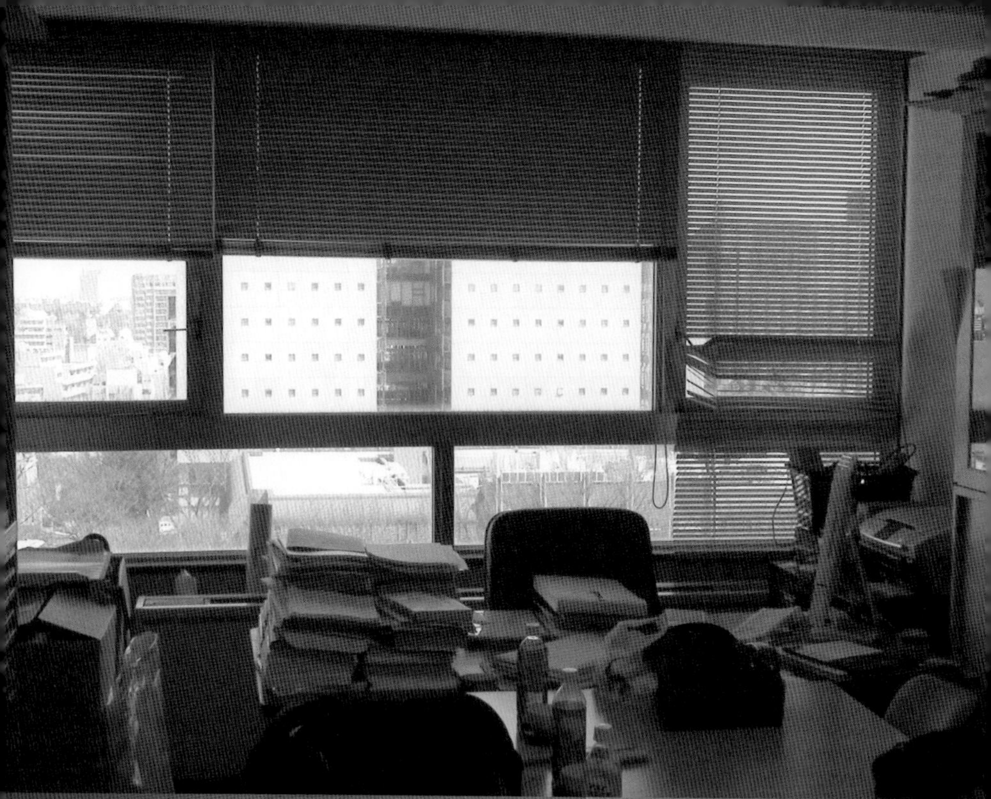
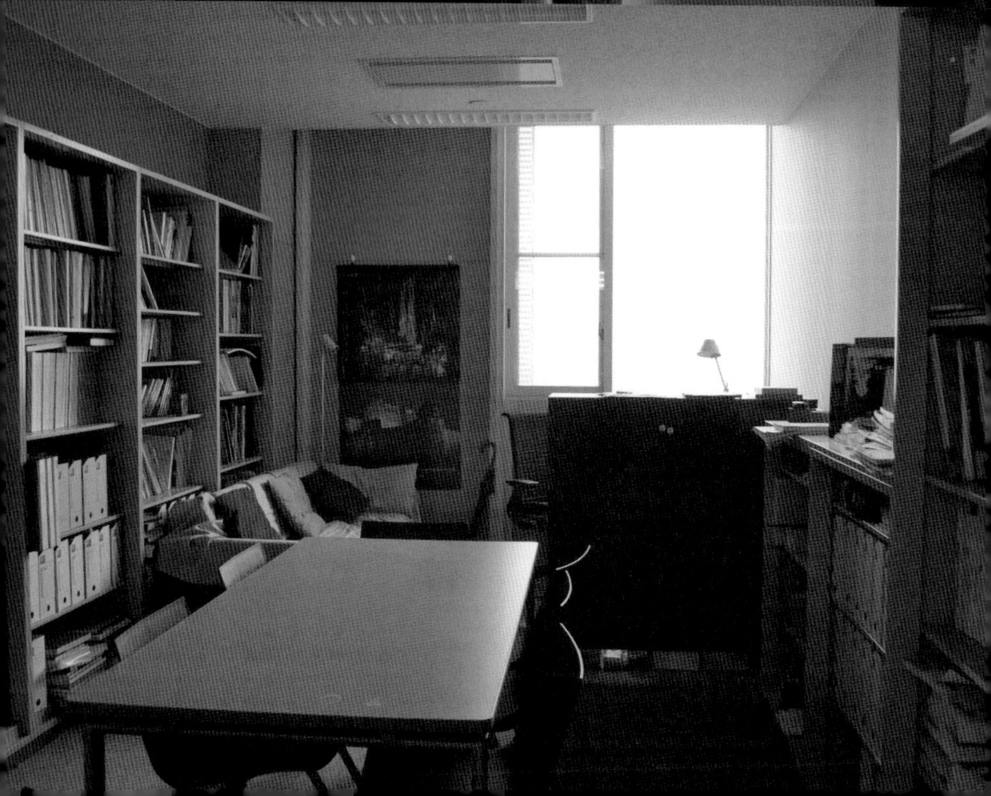

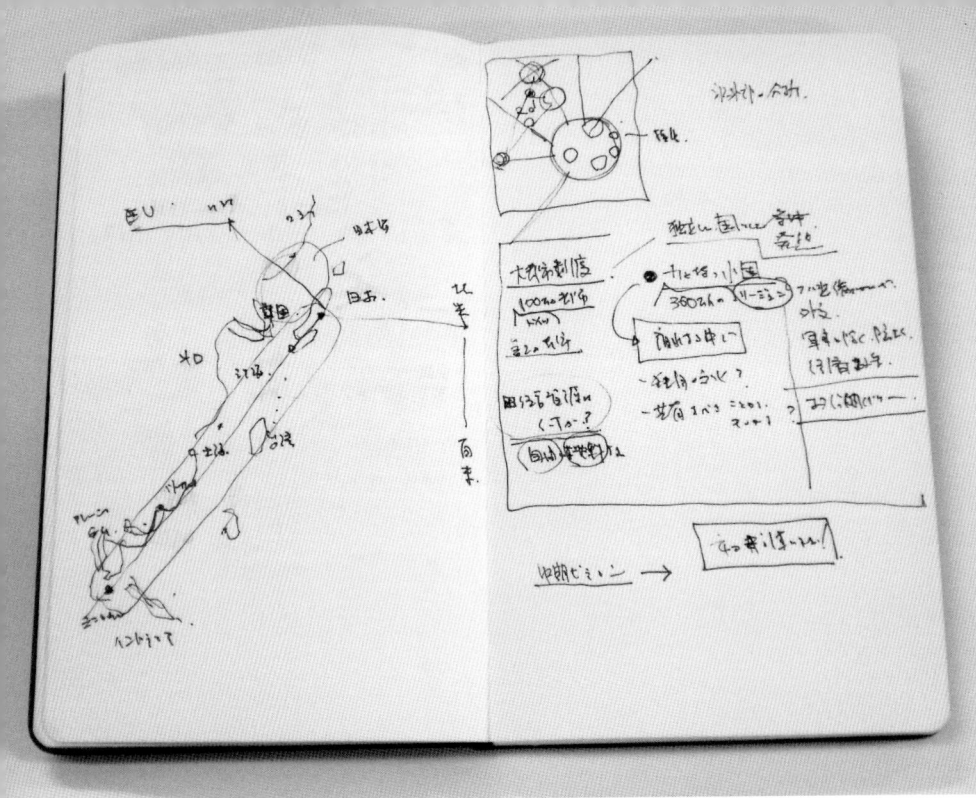

スケッチブックの最後のページ

横浜クリエイティブ
Creativity moves the Ci
Creative City International Com
横浜クリエイティブシ

コーディネーター/Coordinator
北沢 猛
KITAZAWA takeru

金田 孝之
KANEDA takayuki

林 文子
HAYASHI fumiko

「創造性が都市を変える」横浜クリエイティブシティ国際会議2009
2009年9月4日(金)～9月6日(日)
パネルディスカッション2「首長会議～都市のみらいを語る」
コーディネーター：北沢 猛
パネリスト：フォルカー・シュタイン(フランクフルト副市長 公安・治安・防災部門責任者)、林 崇傑(都市デザイナー 台北市都市発展局)、ローラン・トロンタン(リヨン行政区 経済・創造産業顧問)、森 源二(金沢市副市長)、篠田 昭(新潟市長)、金田孝之(横浜市副市長)、林 文子(横浜市長)

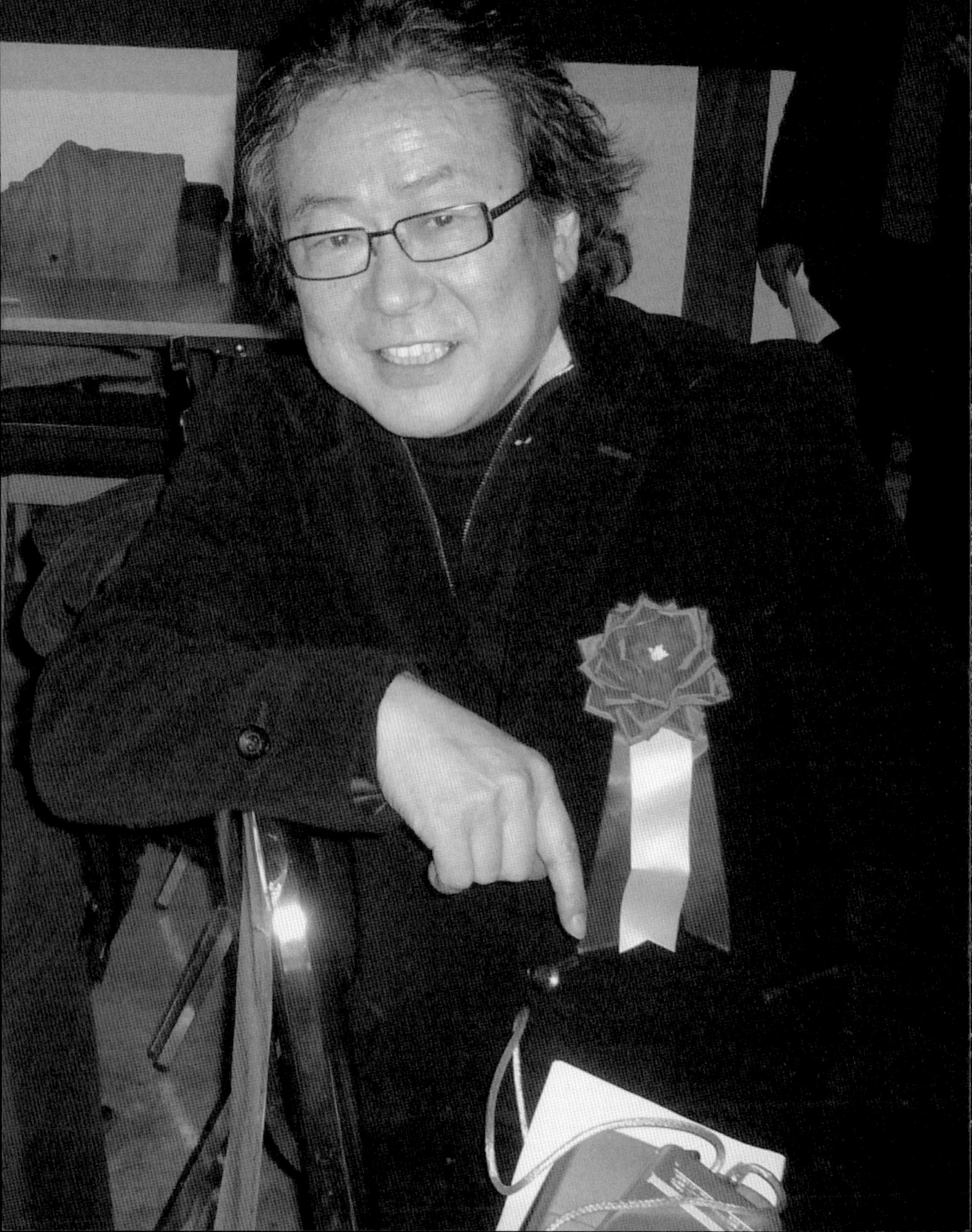

編集後記 アーバンデザイナー北沢 猛にあこがれて

私は、横浜市の都市デザイン室にあこがれて横浜市の職員になった。最初は建築局に配属され、その後「みなとみらい21事業」の建築誘導を担当することになり、「みなとみらい21基本協定」の策定や開発事業調整など、都市デザイン的な仕事に携わるようになる。しかし、2号ドックの保全活用では、当時のみなとみらい21担当だけでは力不足で、都市デザイン室の北沢さんに頼ることになってしまった。北沢さんは、あっという間に検討委員会を立ち上げ、実にスマートに格好良く、2号ドックの保全活用を成し遂げてしまった。同じ頃、都市デザイン室に異動し、北沢さんは上司となり、尊敬し、それ以来共に行動することが多くなった。

150人の300文字メッセージと、15人の2000文字小論文を読み、北沢さんと交流した人々に接した。そして北沢さんが書いたスケッチや文章を見、北沢さんがどのように論理展開し、実践し、どのようなアーバンデザインを目指してきたのかを改めて考えさせられ、再びアーバンデザイナー北沢猛にあこがれることになった。そこには、次々と私の知らない北沢猛が出てきた。そのスケールの大きさ、先見性、その実行力、多くの人が巻き込まれてしまうその人柄には神がかり的なものがある。常に陰では努力しつづけた天才であった。そして、今も皆にアーバンデザインを語りかけている。

今回この冊子を作るに当たり、「北沢 猛の5つのテーマ+北沢 猛の人となり」の6つの項目に、300文字メッセージと2000文字小論文の分類を試みた。しかし、北沢さんは想像以上に輻輳したテーマで多くの人と関係しており、必ずしも書いた本人の意志とは違う分類になってしまった可能性がある。編集者が未熟であり整理しきれなかったためで、ただただお許し願いたい。そもそも、分類すること自体に無理があったかもしれない。

この冊子は、「アーバンデザイナー北沢 猛を語る会 in ヨコハマ」実行委員会事務局のメンバーの努力によって作成されている。その他、奥様の北沢良枝さんや弟さんの至さんをはじめ、北沢さんの家族の方や、東京大学の方、柏の葉アーバンデザインセンター、横浜市の仲間、北沢さんが関わった各地域の方にも多大なる協力をいただいた。そして、BankARTの池田さんや、本のデザインを担当した北風さんの献身的な努力には頭が下がる思いである。何よりも、北沢さんを慕い、メッセージを寄せていただいた多くの方に感謝の気持ちをのべたい。

秋元康幸
「アーバンデザイナー北沢 猛を語る会 in ヨコハマ」実行委員会事務局
横浜市APEC・創造都市事業本部 創造都市推進部長

夢を描き
人に
感動を
正月

アーバンデザイナー
北沢 猛

企画・編集	秋元康幸 ＋ アーバンデザイナー北沢 猛を語る会 in ヨコハマ実行委員会編集部
デザイン	北風総貴
表紙イラスト	小林真依
発　　行	BankART1929
	〒231-0002 横浜市中区海岸通3-9
	TEL：045-663-2812　info@bankart1929.com
発 行 日	2010年6月12日
印　　刷	株式会社フクイン

ISBN　4-902736-22-9　C3052　¥1200E